科学鬼才

妙趣横生的基础电子制作

[英] Nick Dossis 著　　沈雅琴 宋畅 译

BASIC
ELECTRONICS
FOR TOMORROW'S
INVENTORS

U0285189

人民邮电出版社
北京

图书在版编目（CIP）数据

妙趣横生的基础电子制作 /（英）多斯（Dossis, N.）
著；沈雅琴，宋畅译. -- 北京：人民邮电出版社，
2015.1
（科学鬼才）
ISBN 978-7-115-36780-8

Ⅰ. ①妙… Ⅱ. ①多… ②沈… ③宋… Ⅲ. ①电子器
件－制作－普及读物 Ⅳ. ①TN-49

中国版本图书馆CIP数据核字(2014)第213970号

版权声明

♦ 著　　　　[英] Nick Dossis

　　译　　　　沈雅琴　宋　畅

　　责任编辑　紫　镜

　　执行编辑　魏勇俊

　　责任印制　周昇亮

♦ 人民邮电出版社出版发行　　　北京市丰台区成寿寺路 11 号

　　邮编　100164　　电子邮件　315@ptpress.com.cn

　　网址　http://www.ptpress.com.cn

　　三河市海波印务有限公司印刷

♦ 开本：800×1000　1/16

　　印张：10.75　　　　　　　　　　2015 年 1 月第 1 版

　　字数：262 千字　　　　　　　　2015 年 1 月河北第 1 次印刷

　　著作权合同登记号　图字：01-2013-9315 号

定价：49.00 元

读者服务热线：**(010)81055339**　印装质量热线：**(010)81055316**
反盗版热线：**(010)81055315**
广告经营许可证：京崇工商广字第 0021 号

内容提要

　　本书主要介绍各种有趣的电子小制作，包括制作这些项目之前需要具备的电子学基础，例如，了解电子元器件、读懂电路图、熟悉各种电子工具的使用方法等。本书包含的电子制作项目有：使 LED 发光、制作温度传感器、制作电子喇叭、设计报警电路、制作音效发生器等。适合电子制作爱好者和所有对电子制作感兴趣的人。

谨以此书献给 Elissa，我心心相印的伴侣。
没有你，我不能完成这本书。

致谢

　　特别感谢我的家人支持我编写这本书，尤其是 Jasmine 和 Georgia Dossis，她们帮助我拍了很多近景照片，还在一些照片中作为模特。我还要感谢 McGraw-Hill Professional 公司的 Roger Stewart，他为我提供了编写这本书的机会，实现了我人生的又一个梦想。

引言

如果你是电子领域的新手，通过阅读这本书了解电路基本原理，你就能够搭建一些有趣的电路。也许你已经涉猎了一些电子学的知识，但是想要学习更多的知识。无论哪种情况，对于任何有兴趣学习电子学的人，本书都会很有帮助，本书对于各种年龄和专业水平的电子学爱好者都是有用的。年纪较小的读者可能会发现，身边有成年人来帮助他们入门会更好。然而，每一章中的电路图和详细的近景照片也会使得读者能够很容易地理解并搭建试验电路。

每一章中所包含的设计方案和试验都采用的是便宜的、很容易得到的电子器件，这些器件你可以从本地的电子商店以及互联网上的许多电子供应商处买到。此外，在搭建这些试验电路时，你不需要是一个焊接方面的专家，因为这些试验不需要焊接！所有的设计方案和试验都采用面包板，这就为你创造了一种"即插即用"的环境来搭建电子电路。

本书中都包含了什么内容？

本书分为五个部分。在搭建任何试验电路之前，建议你先阅读第一部分"入门"，因为该部分解释了一些重要概念，你需要了解这些概念以便读完这本书。阅读整本书时，你可能还会发现，这部分作为参考是很有用的。它介绍了你将需要的常用设备，以及有关电子搭建模块与器件的基本原理，你将会在本书的每个试验部分见到这些模块与器件。

本书的后面四个部分介绍的都是试验与具体实例，帮助你理解这些器件是如何工作的。在本书的各个部分，都会介绍一些电子搭建模块，这些模块构成了我们所讨论的每个日常设备。

每章都包含了什么内容？

每个试验章节的开头都是对试验的介绍，随后是下列具体内容。

- **电路图**：电路图显示每个试验中的每个电子器件是如何连接在一起并构成设备的。
- **电路是如何工作的**：描述电路图并解释电路的每个部分是如何工作的。这部分很重要，因为它标识出构成电路的搭建模块，并帮助你学会如何阅读电路图，这对于搭建任何类型的电路都很有必要。
- **你所需要的东西**：列出了你在搭建试验电路时所需要的所有电子器件与设备。
- **面包板布置**：包含了大量的面包板布置的近景照片，这些图片中有些是以不同的角度分别拍摄的，以便为你提供更好的视角。你可以使用这些照片作为搭建每个电子电路的指南。
- **开始做试验了！** 这是最有趣的部分。它为你展示如何让你的试验电路能够工作。
- **总结**：每个试验的结尾都包含总结，概述你在本章中所学到的东西，它还针对你所搭建电路的其他用途给出一些建议。

试验难度

有些试验比其他试验更难搭建，因此，每个试验的复杂度级别由下列符号来表示，这些符号显示在每一章中试验标题的旁边。本书中包括以下三个不同级别的试验。

 初学者：这些试验很容易搭建，电子学的初学者很容易理解。这些试验还概括了一些重要的基本电子原理。

 学 徒 级：搭建这些试验比搭建入门级的试验稍微有些复杂。在学习这些章节时，年纪较小的读者可能需要父母的帮助。

 发明家：这些试验是为那些在电子学领域更有经验的读者编写的，这样的读者已经搭建了许多初学者和学徒级的试验。

作者注

我个人是从大约六七岁时开始搭建电子试验电路的，并且很快就着迷了。即使我现在四十多岁了，我仍然喜欢将各种器件连接在一起，并且使电路能够工作。你很快就会看到如何能够以很低的成本很容易就搭建这些电路。对于我来讲，电子是成本很低且令人愉快的爱好，我希望你喜欢这本书，并且运用本书中的知识作为未来发明你自己的电路方案的基础。电子学可以是工程、科学与企业等许多不同领域从业者的基础。此外，如果你能够解决电子学中的难题，你可能在未来成为下一个斯蒂夫·乔布斯或者斯蒂夫·沃兹尼亚克（谁知道呢）!

作为编写本书工作的一部分，每个设计方案与试验都进行了充分的测试；然而，作者不能保证电路的长期性能，或者承担任何与搭建这些电路的结果有关的法律责任。读者搭建本书中所列出的这些设计方案与试验时，责任自负。

目录

第一部分
让我们开始吧!

第1章

建立你自己的工作台

在开始学习电子学与电子器件之前,你需要将搭建本书中的试验所需要的几台设备组合在一起。图1-1给出了一些你所需要的基本工具。每一台设备都将在本章中进行更加详细的描述。

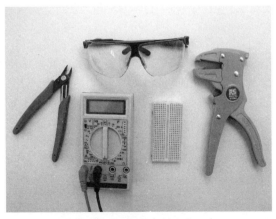

图1-1 搭建本书中的试验你所需要的一些设备,由上到下,顺时针方向分别为:安全眼镜、剥线钳、面包板、万用表与剪线钳

有趣的事实

电子器件是每个电路的单个搭建模块。你将会在第3章学到许多不同类型的电子器件的知识。每个电子器件都包含各种连接导线,这些导线使得你能够将几种器件连接在一起;这些导线有时被称为器件引线。

面包板

本书中的每个试验都会为你演示如何搭建电子电路。如果你是电子学领域的初学者,你可能想要知道电子电路是什么。你通过导线将几个电子器件组合在一起来搭建一个电子电路。搭建电子电路获得的最终结果可能是复杂的或者是简单的,例如,依靠光开启与关闭的电路。

你可以用几种方式来搭建电子电路,但是最简单的一种方法是采用一块面包板。尽管面包板有这样的一个名称，它却不是一种你在上面切面包的东西。一块电子面包板，有时也被称为插接板，是一块塑料板，采用它你能够连接与搭建电子电路而无需使用专用工具，例如电烙铁。图1-2给出了一些典型尺寸与配置的面包板，这些面包板是我在搭建本书中的试验电路时所采用的面包板类型。

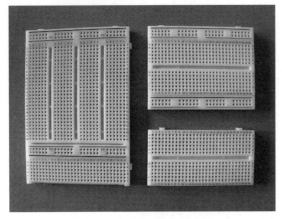

图1-2 各种尺寸的面包板

面包板有许多不同的尺寸、形状与配置，因此，你无需使用与我使用的面包板相同类型的面包板。然而，你所需要的是理解面包板是如何能够将电子器件连接在一起的。注意，面包板包含许多孔，这些孔有时采用字母与数字进行标记。在面包板里面，在每个孔下面，是连接带，它以电子方式将面包板内部的各种孔连接在一起。你将会采用这些孔将多个器件引线（导线）连接在一起。

图1-3给出了在典型的面包板内部，这些内部电子连接器如何配置的一个实例。

面包板中的每个孔足够大，是为了你能够将电子器件的引线插进去。让面包板内的电子连接"抓住"引线并与同排的其他孔之间构成连接。如图1-3所示的灰色线，将a1、b1、c1、d1、e1与f1孔连接在一起。如果你需要改变电路布置，很简单：只需小心地将器件引线从面包板中拉出来，然后重新开始连接。

图1-3 线条表示出一个典型的面包板中的内部是如何将各种孔连接在一起的

 注意

有些面包板的布局可能与我编写这本书时使用的那些面包板不同，因此，你需要参考生产厂商的技术手册来识别哪些孔是连接在一起的。如果采用另一种类型的面包板，你可能需要稍微调节一下每一章所给出的那些电路中器件的布局。

本书中的每个试验都会为你给出电路图，电路图将会有详细的说明，而且近景照片将会为你显示如何在一块面包板上搭建电路。图1-4给出了面包板的布置图（这是第11章中水传感器的面包板布置图）。本书中面包板的布置图不显示你在图1-4中所看到的黑线，但是，这些黑线显示在照片中，因此，你可以看到面包板的内部是如何将各种器件引线与导线连接在一起的。

一旦你在电子学领域具有更多的经验，你可能想要学习如何搭建结构更加紧凑和永久的电子电路。那么，你将需要学习如何采用电烙铁在条状铜箔电路板（stripboard）或者印刷电路板上搭建电子电路。

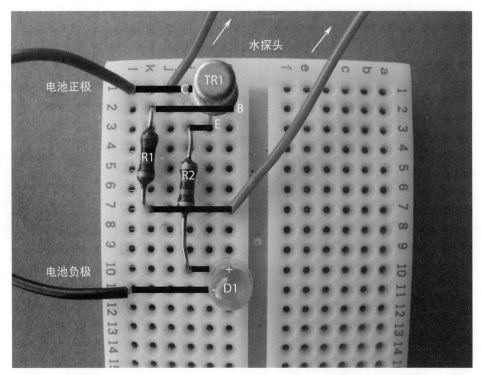

图1-4 每个试验都给出许多近景照片，以帮助你搭建面包板布局

但是，现在，当你正在学习搭建电路时，我们将采用面包板的方法，使得你能够很容易地纠正错误。

互连导线

有趣的事实

导体是一种材料，它使得电子能够通过它流动，例如铜线。绝缘体也是一种材料，它不允许电子通过它流动，例如塑料，比如缠绕在导线外的塑料绝缘护套。

除了面包板内的内部连接之外，你经常需要为你所插入的器件搭建其他的电子连接。为了搭建这种连接，你需要采用一些具有合适直径和电流标称值的实心的绝缘铜导线，这些绝缘铜导线已经被剥去外皮（即，导线的两端已经被剥去了塑料绝缘层，铜导线是裸线）。然后，绝缘导线被剥去外皮的部分可以像器件的引线一样被简单地插入到面包板的孔中——这方面的实例如图1-5所示。

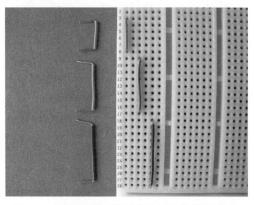

图1-5 互连导线可以被插入到面包板的孔中

注意

在你购买面包板的电子供应商处，你应该能买到预先裁剪好并且剥去外皮的互连导线。然而，你可能会发现，从电子供应商处购买一卷绝缘的实心铜导线，然后按照你自己所需要的尺寸将导线进行裁剪、剥去外皮将会更划算。你很快就会看到如何这样做。

安全眼镜

如果你决定对互连导线或者器件引线进行剪切或者剥去外皮操作时，你必须戴上安全眼镜以保护你的眼睛。安全眼镜有很多不同的形状和尺寸，很重要的一点是，你应该选择一副能够与你的头和脸良好匹配，并且能够有效覆盖你眼睛的安全眼镜。图1-6所示为我的安全眼镜。

图1-6　安全眼镜

小心！

当剪切导线或引线，或者剥去导线或引线的外皮时，总是要戴上安全眼镜。此外，当你剪切器件导线时，应抓住器件引线的一端，以免它飞到空中，飞到你的眼睛或者其他人的眼睛中。另外，还要注意的是，剪线钳与剥线钳很尖，可能会剪破你的皮肤。

剪线钳与剥线钳

剪线钳，如图1-7中所示的剪线钳，对于修剪互连导线非常有用，它也可以用于剥去导线的塑料绝缘层。

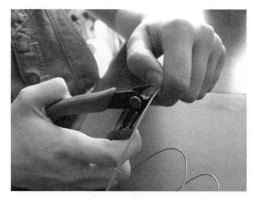

图1-7　剪线钳可以用于将导线按照所需的尺寸剪短

图1-8所示为如何使用剪线钳来修剪导线或者剥去导线的塑料外皮。只需一只手抓住导线，同时小心地用剪线钳来剪绝缘层（但是不要剪到金属导线）。然后，小心地用剪线钳将绝缘层剥下来。在开始电路试验之前，应先在一些废弃的导线上练习这一技术。

图1-8　使用剪线钳将互连导线上的绝缘层剥下来

你还可以使用剥线钳来去掉绝缘层，剥线钳会使得这一工作更加容易。

剥线钳有各种形状与尺寸，图 1-9 中所示的是我在搭建本书中的试验时所使用的剥线钳。这一照片显示出如何将绝缘层从导线上剥下来：首先，小心地将导线插入到剥线钳的钳口中，然后，捏紧把手，如图 1-9 与图 1-10 所示。这将会得到一根剥离很干净的导线。我使用的剥线钳包含方便地内置在把手内的剪线钳，因此，不需要采用一个单独的剪线钳将导线裁剪为所需的尺寸，只需捏住剥线钳的把手就可以剪断导线，如图 1-11 所示。

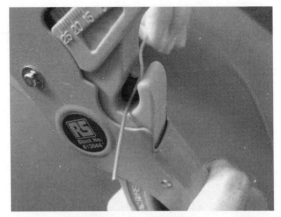

图1-11　方便的剪切工具有时是内置在把手中的

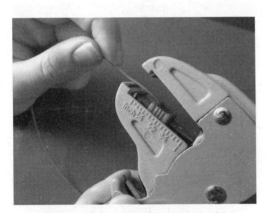

图1-9　将导线放在剥线钳的钳口处

 小心！

将你的手指远离剥线钳的剪切部分。如果你是未成年人，且使用剪线钳或者剥线钳时没有把握，那么请一个成年人来帮助你。

万用表

万用表是一台用于测量电子电路参数，例如电压、电流、电阻与电容的设备。（你将会在第 3 章中学到这些测量方法）。图 1-12 中所示的是我使用了多年用于搭建电子电路的一个相当基本的万用表。

这种类型的万用表用于本书中的试验电路是足够的，它采用数字显示来给出电子测量值。万用表的价格从十美元到几百美元，一般地，你可以采用基本型的万用表来完成本书中的这些试验；最低限度上，它应该能够测量电压、电流、电阻与电容。搭建本书中的这些试验电路，你也可以不使用万用表。但是，如果你使用了万用表，你就会从试验中学到更多的东西。

采用两条导线与探头将万用表连接到电路

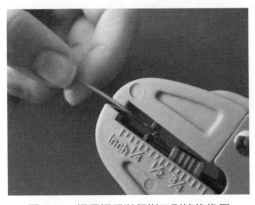

图1-10　捏紧把手以便钳口剥掉绝缘层

中进行测量——（在每一章中将更加详细地描述如何进行测量）。一些更昂贵的万用表被称为"自动量程"万用表，这意味着此万用表能够调节显示器上的读数。而基本型万用表需要你自己手动来调节万用表的设置。

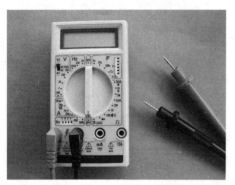

图1-12 万用表（应该能够测量电压、电流、电阻与电容）

电子器件

没有电子器件，我们就不能搭建电子电路。第2章与第3章将详细讨论本书中所用到的一些不同类型的电子器件。图1-13中所示为你将会用到的一些电子器件。

  注意

每个电路设计所要求的器件描述与零部件号将会在每一章的零部件清单中清晰地列出。本书的附录提供了一些有用的资源以帮助你找到这些器件。本书中所述的部分试验还需要你使用其他家用器具，这些器具也会在每一章中都清晰地列出。

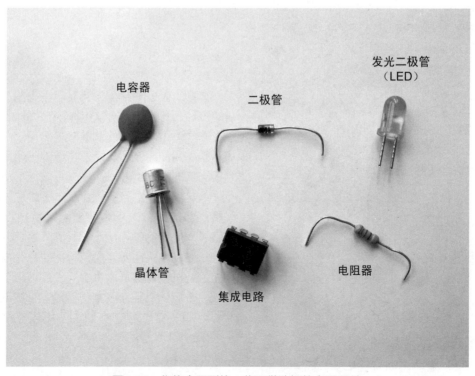

图1-13 你将会用到的一些可供选择的电子器件

抗静电措施

有些敏感的电子器件，例如集成电路，可能会被静电损坏。静电可以在你的身体内建立，例如，当你在地毯上行走之后触摸另一个人或者一件东西时，你是否被电到过？这一静电的累积同样也可以由你的手指传递到精细的电子器件上，而静电有时会损害这些电子器件。

注意

你可以在互联网上学到更多有关电子接地与防静电的措施。

为了从你的身体上去掉静电，你可以带上一个抗静电腕带，它将腕带和鳄鱼夹连接到一个抗静电垫子上，然后，这个垫子被连接到接地点或者地上，通常会将此垫子连接到三孔电源插座上。（在美国，第三个圆形的孔是地。它连接到墙内的布线上，这些布线连接到地。在英国，抗静电垫子的接地有时是通过专门的插头来获得的，此插头将每一个器件连接到你的家用交流电源的"接地销针"上。）你应该能够从电子供应商处买到这些东西。

提示！

当搭建试验电路时，不要触摸集成电路的金属管脚。

开始工作之前的警告

喜欢电子学和做电子试验是一件很有趣的事，但是，在开始做试验之前，你应该知道以下一些重要的事情。

- 开始搭建试验电路之前，应首先阅读每一章，然后，只有当你感到你对自己做这个试验的能力有充分的自信时，才开始搭建试验电路。

- 有些试验包含闪烁的光。如果你会受到闪烁光的影响，或者你患有癫痫，那么，请不要搭建这些试验电路。

- 电子器件很小，可能有使人窒息的危险。确保这些电子器件远离年幼的儿童。

- 这些试验中的器件在正常工作时不应该变热，如果这些器件中的任何一个变热，那么，立即从电路中取下电池，并检查一下电路是否搭建正确，然后再重新装上电池。

- 永远不要将电池短路，即永远不要将电池的正极（＋）与负极（－）连接在一起。这会很危险，可能会引起电池泄漏或者爆炸。

- 总是将电解电容器按照正确的方式连接在电路中，以便正极引线连接到电路的正端，而负极引线连接到电路的负端。如果将电解电容以错误的方式进行连接，可能会引起电解电容泄漏或者爆炸。

- 永远不要将这些试验电路连接到家用的交流电源上 —— 总输电电源（你房子内的交流电源）会使你发生触电而造成死亡。

- 作为编写本书工作的一部分，每个试验都已经经过了充分测试。但是，作者不能保证这些试验电路的长期性能，或者承担与搭建这些试验电路的结果相关的任何法律责任。读者搭建本书中列出的这些试验电路的风险自负。

准备学习一些基本原理

你现在几乎已经准备好开始搭建本书中的试验电路了。但是，在开始搭建任何电路之前，你仍然需要了解一些电子学的基本原理。在下一章，你将会学到这些知识！

第 2 章

快速了解电子：电子搭建模块

本章将帮助你像发明家和电子设计工程师一样思考。你将会学到电子设备是由许多不同的搭建模块组成的，这些搭建模块相互作用以构成成品。你将会研究如何采用各种电子搭建模块来设计电子设备，这将会为后面几章的试验做准备。

像发明家一样思考

每个电子设备都是由设计而产生的，采用许多单独的*电子器件*，链接在一起构成电子电路。用于搭建电子电路的电子器件的数量会有所不同，这取决于设备有多复杂。通常，设备越复杂，需要的电子器件越多。你将会在第 3 章中看到有关电子器件的详细描述。

电子试验的许多乐趣来自于你想要搭建出什么样的东西，然后，弄清楚你需要做什么来搭建它。在你选择任何电子器件之前，需要像发明家和电子工程师一样进行思考。你可以按照这个步骤来做：

1. 建立一个设计技术指标。
2. 列出搭建模块。
3. 设计与测试电路。

写出设计技术指标

让我们想象一下，例如，一个想要设计与搭建电话机的发明家。这个发明家开始时将会列出一个清单，列出他想象出的电话机将要完成的功能。这些特性也称为技术指标。对于一个电话机，主要技术指标可能看起来是这样的：

- 此设备应该能使相距一段距离的两个人开展对话。
- 每个人应该能通过某个设备对着电话机讲话。
- 每个人应该能通过某个设备听到另一个人的声音。
- 每个电话机将通过一条电缆连接到另一个电话机上。
- 来自每个电话机的音频信号将通过一条电缆进行发送。

- 将为每个电话机分配一个号码，此号码必须由主叫输入以呼叫另一个电话。
- 每个电话机必须包括某些类型的设备用于指示被叫人员的号码。
- 当一个人呼叫时，另一个人的电话将会振铃。

列出电子搭建模块

一旦列出了设计技术指标，那么，发明家就可以列出为生成电话机的每个技术指标所需的搭建模块，可能包括以下这些模块：

- 听筒：使一个人能够听到另一个人讲话。
- 麦克风：使一个人能够向另一个人讲话。
- 数字小键盘：使主叫能够输入另一人的电话号码并使得接收人的电话机"振铃"。
- 显示屏：使主叫能够看到他所输入键盘的数字。
- 振铃器：这一音频设备将被放置在电话机内以制造一种声音使得接收人能够知道有人正在呼叫他并且想要和他讲话。

设计与测试电子电路

在发明家已经标出了制作电话机所需的每个搭建模块之后，就可以利用他在电子学与电子器件领域的知识来开始设计每个电子电路，这些电子电路将要完成每个搭建模块的要求。这些单独的电子电路将被组合在一起，以生成完整的电子电路来创建正常工作的电话机功能。然后，发明家将会花费一些时间来搭建与测试最终的电子电路，以确认这些电子电路能够按照他所期望的功能来工作。如果设计过程很成功，那么，发明家将会创建出一个能够工作的电话机，它能够满足最初的设计技术指标。由这一简单的实例中看出，在真正挑选出电子器件并开始搭建电路之前，包含了许多设计阶段。

快速了解电子学

现在，想象在你面前有一部发明家已经完成的电话机，你想要了解它是如何工作的。为了达到这个目的，你将采用一个被称为"反向工程"的方法，这意味着你将会检查这一产品，试着追溯最初发明者的发明步骤。例如，你可以想象，你具有一个特殊的显微镜，使得你能够在三个不同的级别上检查这个电话机。这一"特殊的显微镜"就相当于你的大脑。当你在理解电子搭建模块与电路是如何被制作出来方面变得越来越有经验时，你就能够更加容易地搭建（与拆除）电子电路。

1 倍放大

在第一级别上，你将会用肉眼查看这一电子设备。你可以查看此电子设备、了解它能够做什么，并且查看它的基本特性。

2 倍放大

在第二级别上，你将会查看这一电话机的内部，可以看到组成电话机的单个搭建模块。例如，可以看到电话机具有小键盘，能够输入你朋友的电话号码，还具有一个显示屏，能够查看你已经输入到电话机中的电话号码。

3 倍放大

最后，这一放大级别使得你能够进一步

缩放到每个搭建模块，以便识别组成每个单独搭建模块的单个电子电路与器件。你将在第 3 章中看到有关电子器件的更详细信息。

电子搭建模块

　　既然已经学习了电子电路是由搭建模块组成的，那么，你可能想知道这些搭建模块是什么。如图 2-1 所示的电路图，它显示了可以用于搭建任何电子电路的四种主要的电子搭建模块：电源、输入、输出与控制电路。

　　这些搭建模块可以是单独的电子器件，也可以是链接在一起构成电子电路的各种电子器件。通过学习本书中所用到的各种电子搭建模块，你会发现可以很容易地在日常的家用电子产品中通过放大来找到这些电子搭建模块。

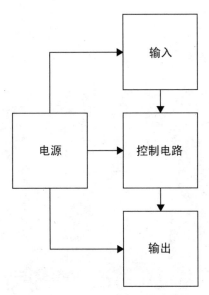

图 2-1　　四个主要的电子搭建模块

电源

　　每个电子电路需要具有一个电源；如果

没有电源，电路就不能工作！电子设备需要电来工作。如图 2-1 所示的方框图，电源是直接连接到其他三个搭建模块中每一个模块上的。

　　小心！

　　不要试图使用你的家用交流电源来为本书中的试验供电。家用的交流电源可能会对你造成很严重的电击，并且可能会造成人身伤害。这就是为什么我们采用低电压电源（电池）为本书中的所有电路供电的原因。

下面给出电源的几个实例。

- 低压电池：这种类型的电池就是你用在电视机遥控器、手电筒或者烟雾报警器内的电池。它被认为是一种低电压电池。常见的家用电器所用电池的电压各有不同，电压多在 1.5V 到 9V 之间。这些电池可以连接在一起产生更高的电压。
- 高压电源：这种类型的电源是通过家用插孔为你的整个房子供电的。这一高压电源通常在 110V 到 230V 之间，具体电压值取决于你在全球范围内的哪个位置。这一高压电源通常采用各种器件与电路减小到低电压电平（例如 5V）以便满足电路中灵敏的电气器件的要求。
- 太阳能电源：这种类型的电源是利用太阳能转化为电能的。
- 发电机或者直流发电机：这种类型的电源是由将机械能转化为电能的设备来提供的。

提示！

本书的所有试验中，均使用低压的家用电器电池。

输入端

*输入端*是以某种方式允许外部世界与电子电路交互作用的电子器件（或者单个电路）。将一个输入端激活通常会使电路执行某些功能。

下面是输入端搭建模块的一些实例：

- 开关：可以是单个切换开关或者是开关（例如开 / 关按钮）、小键盘，甚至是一个键盘，就像使用计算机所用的键盘一样。
- 温度传感器：能够探测温度的变化，如果温度达到某个特定值时，电路将执行某些功能。
- 光传感器：能够探测光电平的变化，如果光电平达到某个特定值时，电路将执行某些功能。
- 红外接收机：能够探测红外光（红外光对人眼是不可见的），以便在电路中作为开关来工作。
- 麦克风：将声音（例如，你的声音）转化为一个电信号。

输出端

输出端是电子器件（或电路），它是电路中的"工作"部分，使电路能够以某种方式与外部世界进行交互。

下面是输出端搭建模块的一些实例：

- 发光二极管（LED）：这一器件将电能转化为光能。你将很快会看到如何使用发光二极管设备作为指示器或者照明设备。
- 扬声器：将电信号转化为你能够听到的声音。
- 蜂鸣器：将电信号转化为噪声，它可以用作报警设备。

控制电路

控制电路是电路的核心，它能够处理来自输入设备的信号并且执行某些功能。通常，控制电路会产生信号输出到输出搭建模块。你将会在后面几章中学到搭建控制电路的各种不同方法。

搭建模块看起来是什么样子的？

图 2-2 所示为我不久前搭建的一个设计方案的电路板布局（不要担心——本书中的试验不像这个电路那样复杂）。

这一电路板布局看起来很复杂，但是，如果看一下图 2-3，你就可以看到这个布局实际上可以被分为许多更小的电子搭建模块，这些模块链接在一起构成最终的电路。

图 2-2 一个典型的电子电路实例

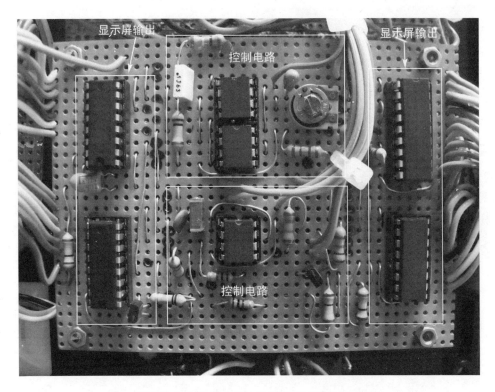

显示屏输出

控制电路

显示屏输出

控制电路

图 2-3 复杂的电路是由许多简单的搭建模块所组成的

继续

通过阅读这本书，你将会学习到如何将许多简单的电子搭建模块链接在一起以构成更加复杂的电子系统。现在，请阅读下一章，在下一章中将解释在本书中你将会用到的一些重要电子器件的工作原理。

第 3 章

介绍一些关键
电子器件

作为电子学爱好者，许多不同类型的电子器件你都可以买到，每个电子器件具有其自己的特性。本章介绍一些常用的电子器件。

为了搭建电子设备，将电子器件以某种特定的方式连接在一起便生成如图 3-1 所示的电子电路。这种类型的电路图有时也称为电路原理图。

电路图采用各种电路符号，这些电路符号表示此设备内所使用的每个电子器件。这些器件被一些线段连接在一起，这些线段表示将每个器件连接在一起的电线。

阅读本书时，你很快就会学会如何阅读与理解这种类型的电路图。电路原理图符号是国际通用的符号，掌握了它们之后，就能够理解全球范围内任何地点由任何人所创建的设备电路原理图。学会阅读电路原理图，你就加入了特殊的俱乐部。

在电路原理图中，连接在一起的导线是按下图表示的。

在电路原理图中，没有连接在一起的导线（搭接线）是按下图表示的。

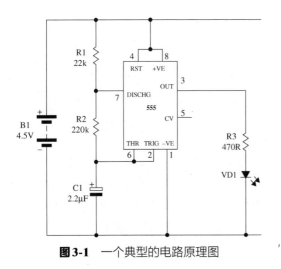

图3-1　一个典型的电路原理图

电源

在学习一些常见的电子器件之前，需要了解电子是如何通过电子电路流动的基本原理。如果阅读了第 2 章，你就会知道每个电子电路都需要一个电源来驱动它工作，在每一个试验中使用的电源是常见的低电压家用电池，与电视遥控器所使用的电池类型相同。

为了理解在电子电路中电子是如何流动的，我们来看一下如图 3-2 中所示的基本电路原理图。这一电路原理图左侧给出了电池的电路符号（B1），它连接到右侧的一个矩形方块上，这就表示电子电路。箭头显示*电流*流过电路的方向。

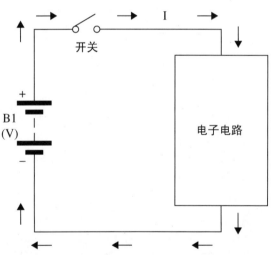

图3-2　一个基本电路原理图，显示电子的常规流动

电池供电的电源充满了*电子*，电子是非常小的次原子微粒，它们坚决地要逃脱。当采用一些互连导线将一个电池连接到电路上时，电池内部的电子就能够流出电池的一端，围绕电路流动，然后再流回到电池的另一端。只要这一连续的电子电路不中断，电子的流动就会以永不结束的环路方式而持续。

有趣的事实

显示常规电流流动的电路图中显示出电子由电池的正极（＋）流到负极（－）。实际上，电子是由电池的负极（－）流到正极（＋）的。电路图显示电流由正极流到负极的真实原因是在早期电子被发现时，假设电流是按照这个方向流动的，而电路图保留了这一方式。

有两个主要的参数与电源有关：电流与电压。

通过电路流动的电子数量决定了所流动的电流的量。电流是以安培（amperes）或者安（amps）来表示的，这一参数的显示符号为 A。本书中的试验都具有很低的电流消耗，抽取小于100mA（0.1 A）的电流，1000mA 等于 1A。你将会看到，在计算公式与电路图中用字母 I 来表示电流，而电路图中的箭头表示电流流动的方向。

电压是电池的数值，它以伏特（volt）来表示，也称为电位差，因为它等于两个点之间的能量差。在电路图与电子公式中，伏特用符号 V 来表示。

著名的科学家

电流的度量单位是安培，这是以出生于 1775 年的法国物理学家安德烈·玛丽·安培（Andre Marie Ampere）（左侧）来命名的。电位差的度量单位是伏特，这是以出生于 1745 年的意大利物理学家亚历山德罗·伏特（Alessandro Volta）（右侧）来命名的。

你将会使用各种电压来为你的试验供电，这些电压是由多个 1.5 V（AA 型——5 号）电池以串*联*的方式连接在一起而得到的，如图 3-3 所示。每个 1.5V 的电池都具有两个不同的*电极*，每一端有一个极，这两个极被标记为正（+）极与负（-）极。

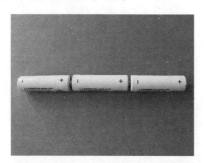

图 3-3 串联连接在一起的电池能够提高总电压值。串联连接意味着将电池的端与端相连，一个电池的正（+）极连接到下一个电池的负（-）极

因此，如果你串联连接了两个 1.5V 的电池，你就得到了一个 3V 的电源。如果你串联连接了 3 个 1.5V 的电池，你就得到了 4.5V 的电源。

像这样将电池连接在一起以产生不同电压的最简单的方式是使用预先布好线的专门的电池盒，能够将电池放入里面。图 3-4 所示为各种电池盒。你将在试验中使用电池盒，电池盒很容易从电子供应商公司处获得，或者你可以从一些坏了的电子设备中回收利用一些电池盒。

图 3-4 各种电池盒结构

开关

开关能*连接*或者中断电子电路的连接——开关有各种结构，它们可以用于将电路接通或者关闭，或者使电路执行某个功能。如图 3-5 为各种开关。

图 3-5 各种开关

有些开关归类为常开开关，这意味着，在开关的正常状态下，开关内部的接触点是开着的（互相没有接触）。当你按下或者激活开关时，接触点关闭，这就以某种方式将电路激活。可以被用于将电路打开或者关闭的常开开关的电路符号如下图。

本书中的试验电路不采用这种类型的开关，但是，如果你决定让你的试验电路能够持续更长的时间，那么你可以在电池正极连接点的后面（见图 3-2）包含这样的开关，这样，在不使用此电路时，你就可以将电路关闭。

可以用作键盘的一部分的按钮式开关的符号如下图。

这种类型的开关称为*瞬态开关*，因为当按下开关时电路是关闭的，而当手指离开开关时电路就断开了。

有些开关被归类为常关开关，这意味着在开关的正常状态，开关内部的接触点是闭合的（互相接触），因此，当你按下或者激活开关时，接触点打开，这就使得电路不工作。在本书的所有试验中，你都不会使用这种类型的开关。

电阻器

电阻器，如图 3-6 中所示，它是一个器件，限制电子的流动，因此能够减少电路中流动的电流。你可能想知道为什么要限制电路中流动的电子的数量。原因是因为如果电流太高，有些器件可能会被损坏——当你阅读本书时，你会发现很多这样的问题。

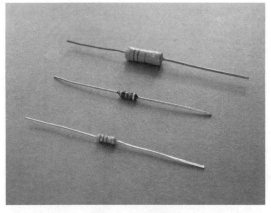

图3-6 各种电阻

电阻具有两条引线，其数值是以欧姆（ohm）表示的。欧姆的符号是希腊字母欧米伽（Omega - Ω）。在电子计算公式中，字母

R 表示电阻。

电阻可以有各种阻值，范围从 1 欧姆到几百万欧姆。有一个被称为 E12 的电阻范围，这些电阻范围有 85 个不同数值。电阻的数值通常以下列格式显示：

千欧姆 = kΩ，1 kΩ = 1000 Ω

兆欧姆 = MΩ，1 MΩ = 1百万 Ω

著名的科学家

电阻的度量值——欧姆（ohm），是以1787年出生的德国物理学家，乔治·西蒙·欧姆（Georg Simon Ohm）命名的。欧姆还发现了欧姆定律（Ohm's Law），将在第4章学习到。

在电路图中可以使用两种类型的电路符号来表示电阻，如下图所示。

有些电路符号之间可能会有微小差别，这取决于你所在的国家。在前面的电阻实例中，这两种类型的符号都代表相同类型的器件。本书的电路图使用左侧的符号类型。

计算电阻的数值

可以采用电阻的色码计算出电阻的数值。通常，电阻上标有四个（有时是五个）色码，可以通过色码的读数计算出电阻的数值；从而得到电阻值。

下面给出如何读取带有四个色码的电阻的前三位数值：

- 电阻的第一个色带表示电阻的"十位"值。
- 电阻的第二个色带表示电阻的"个

位"值。

● 电阻的第三个色带是乘数。

例如，如果电阻的前三个色码是棕色、黑色与红色，通过查看表 3-1，可以看到，你得到数值 1（棕色）、0（黑色），得到数值 10。然后，将此数值乘以第三个色码表示的乘数（100（红色））。这就得到数值 1000Ω，实际上就是 1 kΩ。

最后，第四个色码表示电阻的容限：

棕色 = ±1%，红色 = ±2%

金色 = ±5%，银色 = ±10%

例如，如果实例中电阻的第四个色码是金色的，这个电阻的出厂容限就是 ±5%。这就意味着这个电阻的数值实际上是

1 kΩ + 5%（容限）= 1050Ω

或者，可能是

1 kΩ - 5%（容限）= 950Ω

如果不容易读取电阻的色码，可以采用万用表来检查电阻的数值。通过将万用表设置为电阻挡，然后将正极引线连接到电阻的一条引线上，而负极引线连接到电阻的另一条引线上来完成这一功能。如图 3-7 所示。

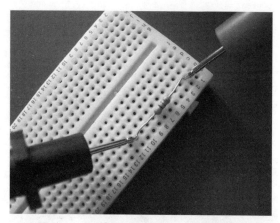

图 3-7 采用万用表的探头来检查电阻值

采用哪个极性来连接引线并没有关系，因为在两个方向上都可以测量电阻。如果万用表不是自动调整量程的，并且在万用表显示屏上不能看到读数，那么，你需要将万用表切换到不同的电阻量程上直到万用表的显示屏能够显示出电阻值。可以在图 3-8 中看到这个测试，此图显示采用万用表测量 4.7 kΩ 的电阻。可以看到，实际上万用表显示的电阻实际具有的阻值是 4.61 kΩ。注意，刻度盘被设置为指向万用表的欧姆挡的 20 k。这意味着万用表被设置为测量阻值高达 20 kΩ 的电阻。

表 3-1　具有四个色带的 E12 型电阻的电阻色码

第一个色码		第二个色码		第三个色码（乘数）							
				×0.1	×1	×10	×100	×1000	×10000	×100000	×1000000
				金色	黑色	棕色	红色	橙色	黄色	绿色	蓝色
棕色	1	黑色	0	1Ω	10Ω	100Ω	1 kΩ	10 kΩ	100 kΩ	1 MΩ	10 MΩ
棕色	1	红色	2	1.2Ω	12Ω	120Ω	1.2 kΩ	12 kΩ	120 kΩ	1.2 MΩ	
棕色	1	绿色	5	1.5Ω	15Ω	150Ω	1.5 kΩ	15 kΩ	150 kΩ	1.5 MΩ	
棕色	1	灰色	8	1.8Ω	18Ω	180Ω	1.8 kΩ	18 kΩ	180 kΩ	1.8 MΩ	
红色	2	红色	2	2.2Ω	22Ω	220Ω	2.2 kΩ	22 kΩ	220 kΩ	2.2 MΩ	
红色	2	紫色	7	2.7Ω	27Ω	270Ω	2.7 kΩ	27 kΩ	270 kΩ	2.7 MΩ	
橙色	3	橙色	3	3.3Ω	33Ω	330Ω	3.3 kΩ	33 kΩ	330 kΩ	3.3 MΩ	
橙色	3	白色	9	3.9Ω	39Ω	390Ω	3.9 kΩ	39 kΩ	390 kΩ	3.9 MΩ	
黄色	4	紫色	7	4.7Ω	47Ω	470Ω	4.7 kΩ	47 kΩ	470 kΩ	4.7 MΩ	

续表

第一个色码		第二个色码		第三个色码（乘数）							
				×0.1	×1	×10	×100	×1000	×10000	×100000	×1000000
				金色	黑色	棕色	红色	橙色	黄色	绿色	蓝色
绿色	5	蓝色	6	5.6Ω	56Ω	560Ω	5.6kΩ	56kΩ	560kΩ	5.6MΩ	
蓝色	6	灰色	8	6.8Ω	68Ω	680Ω	6.8kΩ	68kΩ	680kΩ	6.8MΩ	
灰色	8	红色	2	8.2Ω	82Ω	820Ω	8.2kΩ	82kΩ	820kΩ	8.3MΩ	

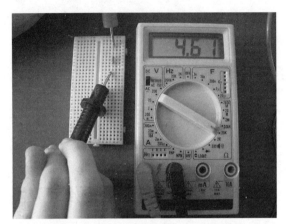

图3-8　确认万用表被设置为读取电阻

电阻还可以用各种功率（瓦数）标称值来表示。很重要的一点是，应该使用瓦数标称值合适的电阻。本书中使用的所需电阻瓦数标称值列在每个试验的零部件清单内。

可变电阻器

可变电阻器有时也被为电位计或者预调节器。它像电阻一样工作，限制电子的流动。但是，通过手动调节，此器件的电阻值可以由0Ω变化到其具有的最大电阻值。这通常是采用平头螺丝刀来旋转此器件的中心部分来完成的。其他类型的可变电阻器具有金属或者塑料转轴，使你能够用手指来旋转此器件的中心部

分。图3-9所示为三种不同类型的、安装在电路板上的可变电阻器。上面的一行显示电阻的顶视图，而下面的一行显示的是电阻的底视图。可以看到，通常这一器件具有三个连接管脚：其中两个管脚在一端，而另一个管脚在另一端。

图3-9　各种可变电阻

就像固定电阻器一样，可变电阻器也可以具有许多不同的电阻值与功率。你可能在家中已经使用过几种可变电阻器。例如，那些用于改变你的家庭立体声音响器材的器件。

在电路图中可以使用两种类型的电路符号表示可变电位器，如下图所示。

如果你将一个1kΩ的可变电阻器安装

到面包板上，并且测量两个管脚之间的电阻值，如图 3-10 所示，万用表的读数大约是 1 kΩ（注意：图中没有显示实际的万用表读数）。

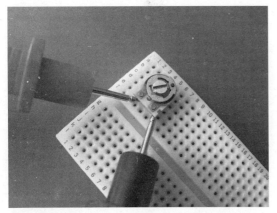

图 3-10 测量两个外部管脚将会在你的万用表上显示出总电阻（确认你的万用表设置为读取电阻值）

如果将万用表管脚的一端一直连接在可变电阻器的外部管脚上，同时将万用表管脚的另一端连接在可变电阻器的中心管脚上，那么，你会看到，调节可变电阻器中心部分的位置会将电阻读数由 0 改变为 1 kΩ。图 3-11 所示为可变电阻器的中心位置位于 7 点钟方向时，万用表显示出电阻值的读数为 0.7 kΩ（即 700 Ω）。

图 3-11 调节主轴的位置会改变电阻值

光敏电阻器

光敏电阻器（LDR）和普通的电阻器一样工作，但是，其电阻值会根据照射在它上面的光的量而变化。这种类型的器件可以用于电路中，当光由亮变为暗，或者由暗变为亮时，对某些功能进行切换。它们经常被用于摄影的曝光表中。图 3-12 所示为典型的光敏电阻器（LDR）。

图 3-12 一个典型的 LDR

LDR 的电路符号显示如下。

如果将 LDR 插入到面包板上，就能够用与普通的固定电阻器相同的方法来测量此器件的电阻值。还可以看到，当你将光照射到此器件上或者将此器件遮盖住时，它的电阻是如何改变的。

电容器

电容器是一种器件，它能够存储电荷，并且被用于在电路中去掉不想要的电子信号，或者它可以用于定时电路。

电容器基本上是两块金属板，这两块金属板与两条导线引线相连。这两块金属板通过介质互相绝缘，这个介质通常是塑料薄膜。然后，这个夹层结构被卷成圆筒形以构成结构紧凑的器件。

电容器可以是极化的或者非极化的。极化型的电容器被称为电解电容器，它必须以下列方式被连接在电路中：电容器的正极连接到电路正的电池管脚上。非极化型的电容器可以以任意方向连接在电路中，它以哪个方向连接都没什么区别。

图3-13所示为各种电容器，显示了这些器件的不同形状与尺寸。上面的一行是非电解（非极化型）电容器，下面的一行是电解电容器。

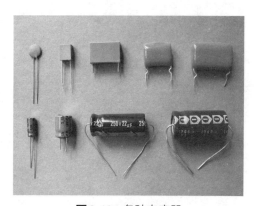

图3-13 各种电容器

非电解电容器的电路符号显示如下。

$$-||-$$

在电路图中，可以使用两种类型的电路符号来表示电解电容，如下所示。

$$-|\vdash \quad -)\vdash$$

电容值是以法拉第（farad，F）来表示的，常用的电容单位换算如下。

皮法 = pF，1 pF = 0.000000000001 F

纳法 = nF，1 nF = 0.000000001 F

微法 = μF，1 μF = 0.000001 F

著名的科学家

电容的度量单位是法拉第（farad），它是以出生于1791年的物理学家迈克尔·法拉第（Michael Faraday）而命名的。法拉第对电子进行了试验，并且证明了电动机的工作原理。

我所使用的万用表具有一个连接，它能够插入一个电容器来测量其电容值。例如，在图3-14中，万用表显示的电容值是30.2 nF，但我测试的是一个22 nF的电容器。标称值与万用表测量值之间存在差异的原因是此器件具有出厂容差，这意味着这些器件并不总是与标称在器件侧面的精确数值相同。此外，温度的变化可能会引起读数的变化，因此万用表不可能100%精确，读数与标称值之间会有差异。

图3-14 某些万用表可以用来测量电容值

某些（尽管并不常见）非电解电容器采用色码来表示，它与电阻的色码类似（但是并不相同），使得你能够识别电容器的数值。电解电容器上面确实有标记，它能够帮助你识别哪个管脚是正极，哪个管脚是负极。电容器还具有一个电压范围，必须确认电容器电容值的电压标称值高于电路的电压。

二极管

二极管使电子能够在一个方向上流动，但是在另一个方向上不能流动，这意味着二极管可以用于保护电路中的某些部分，这是通过锁定信号使它在不应该流动的方向上不能流动来实现的。图 3-15 所示为各种二极管。

二极管的电路符号如下。

$$A \longrightarrow\!\!\!\!|\;\; C$$

二极管的一个管脚称为阳极，它通常连接到电路的正极，在电路图中，它有时是在二极管的旁边显示字母 A。二极管的另一个管脚称为阴极，它通常连接到电路的负极，在电路图中，它有时是在二极管的旁边显示字母 C 或者 K。如果二极管以这种方式被连接到电路中，就称为正向偏置，这意味着电流将会流动。如果电池的极性反过来，那么，就称为反向偏置，这意味着电流将不会流动。

二极管还具有一个小的电压降，在 0.4 到 0.7 V 之间变化，这取决于二极管是由硅还是由锗制成的。

有趣的事实

有另一种类型的二极管称为齐纳二极管，如图 3-15 的中部所示。这些器件在制造时具有特定的电压跌落标称值，可以用于那些特定电路，在这些电路中，如果达到了特定的电压，你希望电路会执行某些功能，或者这种二极管可以用于在电路中生成一个特定电压。本书不讨论齐纳二极管。

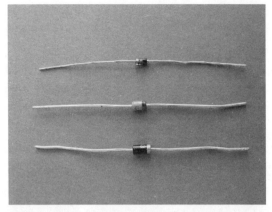

图3-15　各种二极管。二极管上的色带能够标示出阴极管脚

你的万用表应该具有一个二极管测试设置，它通常是用二极管的电路符号来表示的。图 3-16 所示的是如何使用万用表来测试一个标准二极管的电压降。

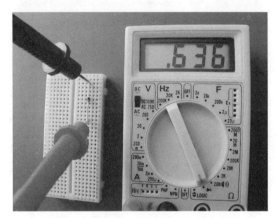

图3-16　采用万用表来测试 二极管

如果你想要按照另外一个方向来连接万用表的探头，那么万用表不会显示读数，因为二极管仅在一个方向上导电。

发光二极管（LED）

发光二极管（LED）与标准的二极管类似，

它使电路中的电流只能在一个方向上流动，这两种二极管之间的差异是，当 LED 正向偏置时，它也能够产生光。LED 具有各种尺寸、形状和大小，有些显示组件包含许多 LED 以产生数字与字母形状。你可能已经在数字闹钟中看到过七字段的 LED。图 3-17 所示为各种 LED。

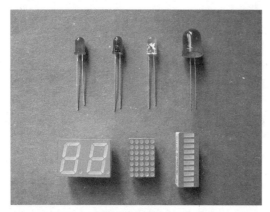

图3-17　各种LED

LED 的电路符号如下。

这个符号看起来与标准二极管的符号类似，但是增加了箭头，这些箭头表示二极管在发光。

　小心！

为了避免损坏LED，应该总是与LED串联一个电阻，并且确认此电阻在电路中是以正确的方式进行连接的。这将在第4章的试验中进行详细讨论。

图 3-18 所示为一个标准的 5mm LED，你将会在本书的试验中使用此 LED。

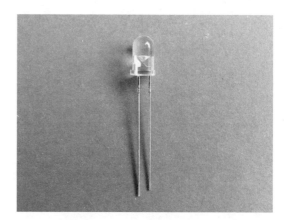

图3-18　一个典型的 5 mm LED

LED 的长管脚通常是阳极（＋），它在 LED 内部连接到短一点的电极上。较短的管脚是阴极（－），它通常在 LED 内部连接到管脚较长的电极上。管脚较短的阴极（－）也通常被放置于 LED 的平坦一端的旁边。

晶体管

晶体管基本上是一个电子开关，能够通过向晶体管上加小电流来切换大电流。它们通常应用在家庭音响系统内的音频放大器内。在这些系统中，晶体管可以用于将小的声音信号转化为大的声音信号。晶体管有两种主要类型，NPN 型与 PNP 型，这两种类型都具有三个管脚，基极、集电极与发射极。图 3-19 所示为本书的试验中所用到的 BC108 与 BC178 晶体管，并标明了相对于其金属外壳上的标记，以及管脚的位置。

NPN 晶体管的电路符号如下。

图 3-19 本书中所用到的晶体管类型在其外壳上具有一个金属标记，以帮助你识别其管脚；B 标记的是基极，C 标记的是集电极，E 标记的是发射极，这些标记都位于金属标记旁边

PNP 晶体管的电路符号如下。

如果将一个小信号加到晶体管的基极上，你就能够通过集电极与发射极的管脚将此信号放大。这将在相关的试验章节中进行更加详细的讨论。

晶体管放大倍数的度量被称为 *hFE*。例如，hFE 为 300 的晶体管意味着它能够将基极信号放大到至多 300 倍。晶体管具有各种形状与尺寸，每个晶体管具有其自己的应用范围，有些晶体管适用于高电流应用，可以连接到热沉上（热沉会传递热量以便降低器件的温度），以便将电路中的器件温度降下来，其他晶体管可以用于通常的开关功能。有些万用表具有能够测试晶体管的连接点，但是，基本型的万用表可能不具有这一特性。

集成电路

集成电路（IC）非常小，长方形的包装容纳了内部的微小电子电路，这些电路可能包括许多微小的电容器、电阻器与晶体管。微小的内部电路使得你能够减少创建工作电路所需的外部器件的数量，并且帮助你减少整个电路的尺寸。可以提供范围很广的集成电路，它们能够用于许多不同的应用中，例如，用于定时器、LED 驱动器、音响效果，以及音频放大器等。如果没有集成电路，那么，日常所使用的电子产品尺寸通常可能会大得多。

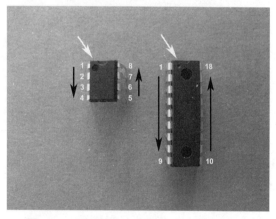

图 3-20 显示管脚方向的各种集成电路芯片

集成电路通常的包装具有 8 个、14 个、16 个、18 个或者更多的管脚，你能够将它连接到电路中。集成电路的管脚数可以很容易地被认出，只需查看集成电路顶部所标识出的圆或者半圆。管脚数 1 是左上角的管脚（在图 3-20 中以白色箭头显示），而管脚号按照图中所显示的黑色箭头的方向进行排列。具有 8 个、14 个、16 个与 18 个管脚的集成电路按照这一格式排列。

有时，集成电路不采用圆来标识管脚1，但是，一旦你识别了集成电路的顶部，那么，管脚号就很容易得出。集成电路没有一个特定的电路符号，它们通常在电路图中显示为长方形的方块，从方块中引出管脚，就像本章开始时的图 3-1 的中间部分所显示的 555 集成电路（IC）。

为了了解集成电路内部是什么样子的，请看一下图 3-21，它显示了集成电路，此集成电路包含一个清晰的圆形窗口，通过这一窗口，可以看到里面的微小电路。

图 3-21　看一下集成电路的内部

你看到了连接到微小电路的精细导线是如何在集成电路内部消失的吗？这些导线连接到集成电路的每个管脚，而这些管脚连接到电路的各个不同部分。可以看到，你需要用显微镜来观察微小电路是如何构成的，如果你这样做了，你就会发现它包含许多微小的器件，这些微小器件连接在一起。令人惊讶的问题是，集成电路生产厂商是如何制造这么微小电路的。想象一下，如果我们采用正常尺寸的器件来搭建这一电路，它的尺寸会有多大！

有趣的事实

有关消费类电子产品的尺寸如何随着时间而缩小，下面给出一些实例。

● 20世纪30年代：开始出现机箱尺寸的收音机，这种收音机使用电子管或者真空管（晶体管的前身）来放大声音。

● 20世纪50年代：第一台计算机被开发出来，它们体积巨大，其尺寸是整个房间的大小，因为它采用很多电子管。

● 20世纪60年代：袖珍型的收音机出现，它采用晶体管。

● 20世纪70年代：袖珍型的计算器被制造出来，它采用集成电路。

● 20世纪80年代：个人计算机出现，有些计算机可以像一个鞋盒子那样小。

● 20世纪90年代：第二代移动电话实现商用化。早期的移动电话大约是一块砖的尺寸，2G移动电话开始向更小尺寸的方向发展。

● 21世纪：火柴盒尺寸的个人语音播放器出现，它采用集成电路来存储几千首歌曲，它采用一种数字数据压缩格式（例如 MP3）。

将电路图转换为面包板布置图

本书中的每个试验都包含电路图，它采用本章中所给出的器件符号。本章将会对电路的工作进行详细的解释，以便帮助你理解电路是如何工作的。

每个试验都将显示如何在一片面包板上搭建此电路，但是，无需将电路图转化为面包板布置图，因为这个图已经为你做好了。到你搭建本书的最后一个试验时，你应该发现将电路图转化为面包板布置是很容易的。如果你采用的面包板与我在试验中所使用的面包板稍微有所不同，你会发现，将本书中的面包板布置图转化为满足你需要的面包板是很容易的。第 1 章中的图 1-3 显示了一个典型的面包内部连接是如何配置的。

试验搭建与测试指南

当你搭建每一章中的试验电路时，要按照电路图与面包板布置图的近景照片来进行。当你在搭建面包板布置时，要小心一些常见的错误，这里列出这些常见的错误。在你将电池连接到电路之前，要查看下列各项。

- 确认电池引线在电路中是按照正确的方式进行连接的，按照每一章照片中所显示的那样。通常，红色电池引线表示电池正（＋）极，而黑色电池引线表示电池负（－）极。
- 电池是新的吗？旧的、废弃的电池不具有足够的电量来为你的试验供电。
- 你是在使用试验中建议的电池电压吗？
- 确认器件的引线都是按照正确的方式进行连接的，例如，晶体管、LED、电解电容与集成电路都必须按照正确的方式进行连接，否则，它们可能不工作，并且可能会被永久损坏。
- 你正在采用的器件值是否是在部件清单中所定义的数值？如果你采用替代的器件，这可能会使得电路以非正常或者错误的方式来工作。
- 检查你没有漏掉任何将各种器件连接在一起的布线连接。
- 确认这些器件都是很紧密地插入到面包板上；否则，它们可能不会构成正确的电子连接。

如果你发现电路不能按照预期的那样来工作，不要惊慌，只需立即从电路中取下电池并再次检查你的布置。你可能已经损坏了某个器件，或者你可能足够幸运没有造成任何损坏，需要再次检查你的布置，如果有些器件被损坏了，就更换这些器件。故障查找可能很令人沮丧，但是，这个工作最终是值得的，因为你得到了一个能够工作的电路。

我能给你的最好的建议是，当你搭建试验电路时，不要着急，仔细做好笔记，记录下每一章中的图像与建议。如果你这么做了，你的试验电路应该一次就能够正常工作了。

开始进行试验吧！

还有几个其他的电子器件没有讨论，但是，你将会在后面的试验中遇到这些器件，它们将在每个章节的项目中进行更加详细的描述。既然你已经学习了本书中所使用的重要的电子器件，现在你应该开始进行试验了！因此，阅读本书中后面的章节，它会为你展示如何采用某些电话电路来进行试验。

第二部分

你现在能听到我吗？
——电话试验

第4章

行动起来！制作 LED 照明电路

在本书的这个部分，你将会学到如何搭建一些与移动电话有关的试验电路。移动电话是大部分人日常生活的一部分，移动电话具有许多不同的形状与尺寸，几乎每个人都拥有一台。在开始搭建你的第一个试验电路之前，仔细看一下移动电话。你看到了什么？它具有什么特性。换句话说，这个移动电话能够做什么？仔细考虑一下，因为移动电话的有些特性并不是显而易见的。

至少，你的移动电话具有一个小键盘以便能够输入电话号码或者文字信息。移动电话几乎肯定会具有一个显示屏，能够看到你正在拨打的电话号码或者正在呼叫你的人的名字。显示屏也可能非常大，它可能兼做小键盘。

一个典型移动电话的特性

表 4-1 描述了典型移动电话的一些重要特性。（我们将要研究的那些特性用星号来标注。）请考虑一下这些特性还可以如何被分类为在第 2 章中所学到的四个主要搭建模块之一。

你可以在表中看到比你期望的更多的特性，或者你能够想到没有列在表中的一些其他特性。每个特性都是由移动电话生产厂家设计的，并且被连接在一起以构成完整的每天都可以携带的移动电话。

你在本书的这个部分遇到的试验将会为你展示如何使用各种电子器件来模拟移动电话的一些特性。

试验1：制作一个LED照明电路

这个试验为你展示如何点亮一个模拟移动电话上的充电指示的发光二极管（LED）。设计移动电话上的这一 LED 指示灯是为了显示移动电话的电池正在充电。LED 指示灯可能是你能够搭建的最简单的电子电路，它还显示了在电子电路中，电压、电流与电阻是如何互相相关的。

表4-1　移动电话特性

特　　性	描　　述	搭建模块的类型
小键盘	使得你能够输入电话号码与信息	输入
彩色显示屏*	使得你能够看到文字与图像	输出
触摸屏	使得你能够通过按下显示屏上的图标来控制移动电话	输入
麦克风	将你的声音转化为电信号	输入
扬声器	将一个音频电信号转化为声音	输出
蓝牙	提供与其他移动电话和计算机的无线连接	输入与输出
天线	执行与移动网络之间的通信	输入与输出
照相机镜头	让你能够拍照	输入
LED充电指示灯*	显示移动电话正在被充电	输出
LED信息指示灯*	显示已经接收到文字信息	输出
头戴式耳机插孔	接受耳机插头以便你能够收听音乐	输出
音乐播放器	使得你能够存储与播放音乐文件	控制
视频播放器	使得你能够存储与播放视频文件	控制
录音机	将声音转化为音频信号并将它存储为文件	控制
联系人列表	将字母、数字字符保存到存储器中	控制
内存	存储文字、音乐与视频文件	控制
外部存储器	存储文字、音乐与视频文件（例如，小SD卡）	控制
电话*	发送与接收无线电信号并将这些信号转化为音频电信号	控制
电池	为移动电话提供电源	电源

小心！

　　不要试图将这个电路或者本书中所讨论的其他电路连接到家用交流电源上。使用交流电源供电不安全。只能采用低电压的电池为你的试验电路供电。

　　LED 是一个多用途的电子器件，它将电压转换为光输出。LED 具有各种形状、尺寸与颜色，它能够用于许多不同的显示屏与指示灯应用中。LED 很普及，因为它们采用非常小的功率，并且当 LED 点亮时，产生非常

少的热。

注意

　　LED 与其他器件在第 3 章中进行了讨论。

电路图

　　看一下如图 4-1 所示的试验电路图。

　　如果你熟悉电路图，那么，图 4-1 应该相当容易理解。如果你对电路图不熟悉，不必担心，因为后面会对电路的工作进行更加详

细的描述。

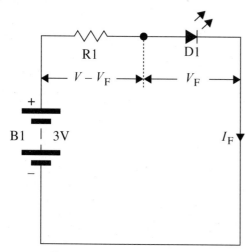

图 4-1 LED 指示灯的电路图

电路是如何工作的

这个电路是由两个搭建模块构成的：电源与输出。此电路是由两节 1.5V 的 5 号电池来供电的，这两节 5 号电池串联在一起以产生 3V 的电源。在电路图中以 B1 表示。LED（D1）与电阻（R1）构成此电路的输出部分。

下面说明电路是如何工作的：当电池（B1）被连接到电路中时，电子通过电阻（R1）流动，电阻（R1）限制通过电路流动的电流。然后，电子点亮 LED（D1）并流回到电池（B1）中。只要电池被连接在电路中，LED 就一直点亮。

 提示！

很重要的一点是，当你为一个标准的 LED 供电时，你需要使用限制电流的串联电阻，否则，将会损坏这个器件。

LED 电阻计算

计算 LED 串联电阻值的公式采用欧姆定律作为基础，这一定律将在后面给出，你将会注意到，这些参数中的每一个都在图 4-1 的电路图中被标注出来。

 有趣的事实

乔治·西蒙·欧姆（Georg Simon Ohm）（1787-1854）发现了电阻、电压与电流之间的关系。他创造了一个公式来表示这一关系，这一公式称为欧姆定律：电阻（R）＝电压（V）/电流（I）

计算 LED 串联电阻的公式与欧姆定律非常类似：

$$R = (V - V_F) / I_F$$

- R 是串联电阻的阻值。
- V 是电路的电压。
- V_F 是 LED 的典型正向电压跌落。
- I_F 是流过 LED 的电流量（以安培表示）。

V_F 与 I_F 的值通常可以在生产厂商的技术说明书中找到。流过 LED 的电流量不能超过 LED 的技术说明书中所标出的 I_F 的数值，否则，可能会损坏 LED。典型地，一个 5 mm 的红色 LED 具有大约为 1.8 ～ 2.8V 的正向电压降（V_F），以及 20 mA 的最大电流标称值。我在试验中所使用的 LED 具有一个 2 V 的 V_F 标称值，我决定将通过 LED 的电流（即 I_F 值）限制为 10 毫安（mA）。

提示！

大部分 LED 在只有很小的（2～10 mA）电流通过时就能够点亮。在一个电子电路中减小电流会使电池能够使用更长的时间。

因此，在这个电路中，我们可以通过将我们所使用的器件值代入到公式中来计算出电阻 $R1$ 的值：

$$R = (3-2)V/0.01A$$

因此，$R=100\Omega$。

提示！

你需要将 10 mA 除以 1000 将它转换为安培。这就是为什么在计算中 I_F 的数值是 0.01 A。

这就为我们显示出，我们能够采用阻值低至 100Ω 的电阻将电路中的电流限制为 10 mA。在本试验中，我们将会采用阻值为 4700Ω 的电阻，通过转换公式，这一电阻将电流限制为下列数值：

$$I_F = (V - V_F)/R$$

$$I_F = (3-2)V/470\Omega$$

因此，$I_F=0.0021A$。

将答案乘以 1000，就得到电流为 2.1 mA。然而，这仅仅是一个近似值，因为 LED 和电阻都有生产厂商的容限。你自己很快将会看到，在你的电路中实际电流是多少。

你所需要的东西

下表中列出了这个试验中需要的器件与设备。一个很好的办法是，在开始进行试验之前，找到并准备好你所需要的东西。

代　码	数　量	描　　述	附录代码
D1	1	5 mm 红色 LED	4
R1	1	470Ω 0.5 W±5% 容限的碳膜电阻	–
B1	1	3V 电池盒	14
B1	2	1.5V 的 5 号电池	–
B1	1	PP3 电池夹	17
–	1	面包板	1
–	–	电线连接	–
–	–	数字万用表	–
R1*	–	各种阻值大于 180Ω 的 0.5 W±5% 容限的碳膜电阻	–

* 参见本章最后的"进一步的试验"中的指南。

注意

此表的附录代码列指的是我在本试验中所使用的特定部件。本书的附录中列出了获取这些部件的详细信息。

面包板布局

仔细地按照图 4-2 中所示的电路图，在一块面包板上搭建此电路。将器件与导线连接插入到面包板中。

注意

参见第 3 章中的搭建面包板布置图以及故障查找指南等相关信息。

请注意一下 LED 扁平的一端是如何放置的：它通常表示 LED 的阴（–）极。可以看到，它采用黑色导线连接到 PP3 电池夹的负极上。

开始做试验了！

在你搭建了电路并且进行检查之后，将两节 5 号电池插入到电池盒中并将它连接到电池夹上。如果每一个器件都正确连接，那么，你就能看到 LED 被点亮，如图 4-3 所示。

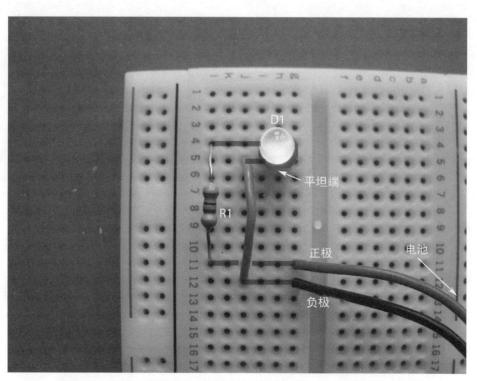

图4-2　灰色的水平线为你展示在面包板内部电路是如何连接在一起的

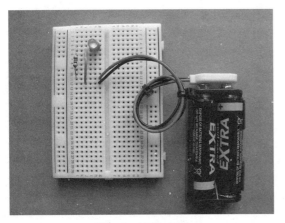

图4-3 LED点亮

如果 LED 没有点亮，那么，立即从电路中取下电池并检查你的电路布置是否与图 4-2 中所显示的相匹配。可能的情况是，你将 LED 或者电池以错误的方向进行了连接，这样可能会损坏 LED，或者你可能很幸运，没有损坏 LED！再次检查你的面包板布置，并确认在你再次尝试之前进行了任何必要调整。如果 LED 仍然不能点亮，那么你可能需要用一个新的 LED 来替换它。

按照图 4-1 所示的电路图，同时察看你已经搭建好的面包板的布局。你应该开始看到电路是如何与最终的布局相关的。

测量电压

如果电路工作正常，那么，打开万用表并选择直流电压挡，以便你能够至少测量 3V。将万用表的正极与负极探头连接到电池上（并联），如图 4-4 所示，万用表读数应该是 3V。由于我的电池是新的，所以万用表精确地读出电压为 3.21 V。

现在，将你的探头与 LED 并联以便测量其电压，如图 4-5 所示。这是 LED 上的电压降（V_p），其数值取决于你所使用的 LED 的类型。它应该大约是我们在前面的公式中所使用的数值——大约为 2V。你将

会看到，我的万用表读数实际上显示的是 1.91V。

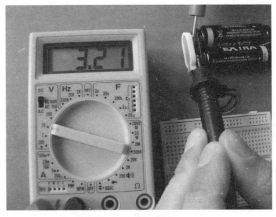

图4-4 测量电池的电压

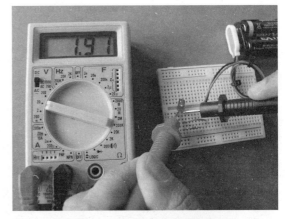

图4-5 测量LED上的电压

现在，测量电阻上的电压，如图 4-6 所示，你应该看到，它等于电池电压与 LED 电压降（$V - V_p$）之间的电压差。在我的电路中，它是 1.29V，这可以通过从电池电压（3.2V）中减去 LED 的电压降（1.91V）计算出来。你电路中的读数可能稍有不同，这取决于电池电压以及你所使用的 LED 的类型。

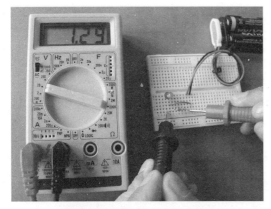

图4-6 测量电阻上的电压

测量电流

现在，你要测量通过电路流动的电流，在这个电路中，电流是 I_F。为了测量电流，你需要将万用表与这个电路串联，串联的意思是串入到电路中。但是，在你执行这些操作之前，应从电路中取下万用表的探头，并更改万用表上的设置以便读取直流电流。你可能还需要将探头切换到万用表的另一个接头上（参见随万用表一起提供的操作指南以便找出执行这一功能的方法）。这时，你需要将电池正极接头从面包板上取下，并将它移到一组空的管脚上，然后，将万用表插入到电池正极接头与 R1 之间的电路中，如图 4-7 所示。

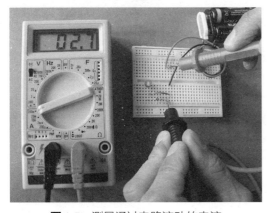

图4-7 测量通过电路流动的电流

注意，我的万用表开关被设置为读取高达 200 mA（毫安）的电流。我的万用表显示，仅有 2.7mA 的电流通过电路流动，你的电路中的电流可能会不同，这取决于你所使用的 LED 的类型。

如果你将我所获得的读数代入到 LED 电阻公式中，你会看到此公式的结果如下。

$$I_F = (V - V_F)/R$$

$$I_F = (3.21 - 1.91)\,V/470\,\Omega$$

$$I_F = 0.0027A$$

因此，$I_F = 0.0027A \times 1000 = 2.7$ mA。

注意，这个结果接近于，但并不等于我们前面所进行的计算结果。我们原先计算得到的电流是 2.1 mA。不要忘记，LED、电池、电阻与万用表的容限意味着，计算值与实际进行的测量值相比会有一些小的差异。

提示！

你所使用的电阻具有 ±5% 的容限，这意味着实际电阻值可能最低为 446.5Ω 或者最高为 493.5Ω。你可以按照第 3 章中的操作指南来测量电阻，以便验证一下这将如何影响你的计算结果。

进一步的试验

试着将电阻（R1）更改为另一个具有更高阻值的电阻，例如 2.7 kΩ，并且重复这个试验以便验证这将会对电压与电流读数有什么影响。

小心！

确认在将探头连接到电路中之前，你已经更改了万用表的设置，并且将探头连接到正确的位置上。不要试图用设置为读取电流的万用表来测量电压，因为这将烧掉万用表中的保险丝或者损坏万用表。

现在，试着将电阻替换为一个低阻值电阻，例如180Ω，并且验证这将具有什么影响。在此试验中，不要采用低于180Ω的电阻。你还应该注意到电阻值与LED亮度之间的关系，试着将电阻值代入到本章前面所列出的LED串联电阻公式中来计算电流，然后验证一下这个数值与你在万用表上的读数之间的接近程度。

通过试验，试着找到下列问题的答案。

- 如果你增加 $R1$ 的电阻值，电路中的电流会发生什么变化？
- 当 $R1$ 的电阻值是4700Ω或者1kΩ时，LED会变得更亮吗？
- 改变 $R1$ 的电阻值对于 $V-V_F$ 的值会产生什么影响？
- 改变 $R1$ 的电阻值对于 V_F 的测量会产生什么影响？

总结

在这个试验中，你学习了如何点亮一个LED，以及在这种类型的电路中欧姆定律是如何体现的。你还学习了串联电阻的电阻值如何影响LED的亮度。

这种类型的电路可以用作一个基本的LED指示模块，你可以决定使用不同颜色的LED，而不是采用红色LED或者超亮度的白色LED，这个LED可以用于将此电路转换为一个手电筒电路。现在，继续阅读下一章，下一章将为你讲解如何打开与关闭LED。

第 5 章

你有一条信息！使 LED 闪烁

在第 4 章，我们检查了移动电话的特性，并学习了如何点亮 LED，就像移动电话上的充电指示灯那样。移动电话的另一个有用的特性是 LED 指示灯，当你接收到文字信息或电话呼叫时，LED 指示灯就会闪烁。本章的试验为你展示闪烁开启与关闭 LED 的一种方法，它采用一种便宜的集成电路，仅需要四个其他器件。

如何使LED闪烁

为了使 LED 闪烁开启与关闭，你需要搭建一个电路，它使电子信号开启与关闭。这种类型的电路称为时钟或者非稳态电路，你可以用许多不同的方法来搭建这样的电路。最早期的方法是采用常用的被称为"555 定时器"的集成电路，这个电路就是将会在本章试验 2 中用到的电路。555 定时器集成电路仅有 8 个管脚，可以用两种不同的方式进行配置：非稳态电路与单稳态电路。这个试验解释了如何搭建一个非稳态电路，555 定时器的单稳态工作在

后面的章节中进行描述。

有趣的事实

"555 定时器" 1970 年就上市了，由于它的低成本与多功能性，如今，它仍然是非常受欢迎的集成电路。

注意

可以在第 3 章看到更多集成电路与其他器件的相关信息。

注意

一个波形会显示出在一个电子电路中电压信号看起来是什么样的。你将采用称为示波器的专用测量设备来观看一个波形。

首先，你要学习非稳态电路是什么，以及电路输出信号看起来是什么样的。看一下图 5-1 所示的电路图，它显示一个非稳态波形。

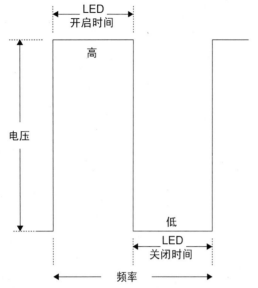

图 5-1　一个非稳态电路的输出看起来是这样的

这种类型的波形称为方波，它显示了来自非稳态电路的一个电信号是如何开启与关闭

的。波形的"高"部分表示高压，通常，这一高压与电路中的电池电压相同或者几乎相同。波形"低"的部分表示低压，通常，这一低压是 0V。这个信号以无限序列重复，并且生成输出信号，此输出信号为开－关、开－关和开－关……想象这一输出信号连接到一个 LED 上，可以看到，它将会引起 LED 以固定的速率开－关。

555 定时器集成电路有 8 个管脚，你可以从电路图中看到，几乎所有的管脚都连接到电路上。管脚 3 是输出管脚，并产生"开－关－开－关"电信号，此信号与图 5-2 中角落里所显示的方波相似。你将这一输出连接到后面试验中的 LED 上。

通过改变图 5-2 中你所看到的三个器件的数值，输出信号的速度可以得到控制和配置，这三个器件是：两个电阻器（R1 与 R2）和一个电容器（C1）。

在你搭建试验电路之前，需要理解你如何计算这种类型的非稳态电路的"开（On）"与"关（Off）"定时。有几个重要的公式与这

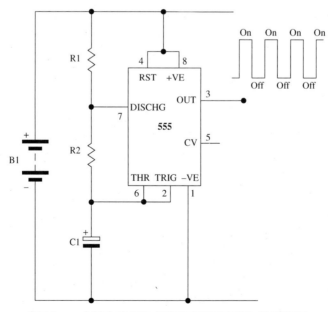

图 5-2　一个基本的 555 非稳态定时器电路与输出波形

一工作模式相关，这些公式列在这里。请结合图 5-1 与图 5-2 来阅读这些公式。

- 定时器输出中的"开启时间（on time）"（高输出）是采用下列公式计算的。

  开启（On）（以秒表示）= 0.693 × （$R1$+$R2$）× $C1$

- 定时器输出中的"关闭时间（off time）"（低输出）是采用下列公式计算的。

  关闭（Off）（以秒表示）= 0.693 × $R2$ × $C1$

- 因此，一个周期（T）的全部时间（total time）是：$T1$+$T2$

- 振荡器（F）的频率（frequency）以赫兹（Hz）为单位：$F = 1/T$

  我们将很快采用这些公式。

注意

频率是每秒内 $T1$+$T2$ 出现的次数。

试验 2：使 LED 闪烁

此试验表示，采用非稳态的 555 定时器集成电路作为控制搭建模块，使 LED 点亮与关闭是很容易的。你还可以采用各种器件值来进行试验，以便验证对 LED 开启与关闭的方式有什么影响。

小心！

此试验显示了如何点亮 LED。如果你患有癫痫症或者对手电光敏感，那么，这个试验不适合你！

电路图

现在，理解了如何搭建非稳态电路，查看一下如图 5-3 所示的试验电路图。

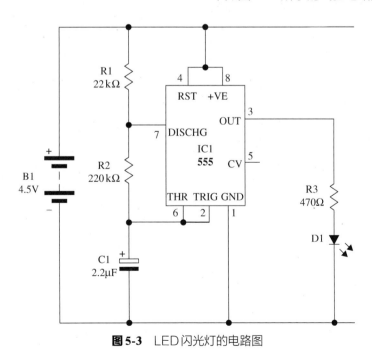

图 5-3 LED 闪光灯的电路图

此电路图看起来与图 5-2 中的电路图非常相似，不同之处在于它包括一些 R1、R2 与 C1 的特定数值，这就在 555 定时器（IC1）的管脚 3 处产生了合适的时钟输出。管脚 3 还通过串联电阻（R3）连接到 LED（D1）。

注意

请阅读第 4 章中计算 LED 串联电阻的相关信息。

电路是如何工作的

此电路是由三个搭建模块组成的：电源、控制电路与输出。此电路是由三节 1.5V 的 5 号电池来供电的，这三节电池都被串联在一起以产生 4.5V 电源（B1）。在此试验中，555 定时器（IC1）以及相关的定时器件 R1、R2 与 C1 构成控制电路。LED(D1) 与电阻（R3）构成这一电路的输出部分，如果搭建了第 4 章中的电路，你就已经了解到这一搭建模块的相关信息。

按照前面的描述，你已经了解了 555 定时器（IC1）的工作原理，应该能够明白电路是如何工作的。555 非稳态定时器电路唯一的增加部分是 LED（D1）及其串联电阻（R3），你能够由管脚 3 处看到非稳态波形输出。

面包板布局

采用面包板，按照图 5-4 中显示的布局来搭建电路。

你所需要的东西

下表列出了在这个试验中你所需要的器件与设备。在启动此试验之前，找出并准备好这些器件与设备。

代　码	数　量	描　述	附录代码
IC1	1	555 定时器	18
R1	1	22kΩ 0.5W ±5% 容限的碳膜电阻	-
R2	1	220kΩ 0.5W ±5% 容限的碳膜电阻	-
C1	1	2.2μF 电解电容（标称值最小为 10V）	-
D1	1	5mm 红色 LED	4
R3	1	470kΩ 0.5W ±5% 容限的碳膜电阻	-
B1	1	4.5V 电池盒	15
B1	3	1.5V 的 5 号电池	-
B1	1	PP3 电池夹	17
-	1	面包板	2
-	-	导线连接	-
R1、R2*	-	各种 0.5W ±5% 容限的碳膜电阻	

*参见本章结尾处"进一步的试验"中的指南。

注意

本表中的附录代码列指的是在本试验中我所使用的特定零部件。有关这些零部件的信息列在附录中。

图 5-4 LED 闪光灯的面包板布局

注意

参见第 3 章中有关搭建面包板布局与故障查找指南的相关信息。

注意：在图 5-4 中，电池的负极引线连接到 LED 的平坦侧以及电容器 C1 的负极。

小心！

很重要的一点是，须将电解电容器（C1）按照正确的方式连接在电路中，如果你不这样做，电解电容可能会泄漏或者爆炸！

图 5-5 与图 5-6 所示为从不同角度所拍摄的面包板布局的一些近景图。

图5-5　注意IC1半圆以及LED平坦侧的位置

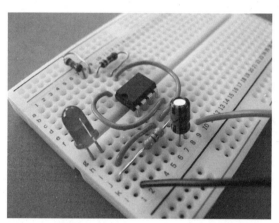

图5-6　查看电容器上的标记，此标记标出了负极与正极引线

开始做试验了！

一旦将面包板布局设置好，并将4.5V电池连接到电池夹上，那么LED应该以恒定的速率开启与关闭。你所完成的试验电路布局应该看起来如图5-7所示。

如果你的电路能够正常工作，那么LED将会以恒定的速率开启与关闭，直到电池被取下或耗尽。如果LED不开启与关闭，就要立即取下电池，检查你的面包板布局是否与图中显示的布局相匹配。此外，确认IC1、电容器C1以及LED D1是按照正确的方向连接的，

否则，电路将不能正确工作。

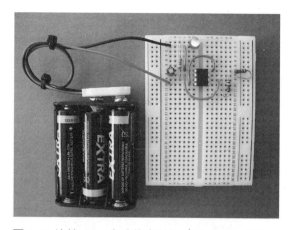

图5-7　连接4.5V电池将会引起LED开启与关闭，就像移动电话的信息指示灯一样

你可以通过将器件值代入到本章前面所描述的公式中来计算此电路的非稳态定时。

如何将电容值与电阻值转化为可以在公式中使用的数字。

当采用非稳态公式时，要将电容值转化为法拉第值，将电阻值转化为欧姆值。可以采用下列计算来帮助你执行这些功能。

电容

- 为了将皮法（pF）转化为法拉第值，将pF值除以1000000000000。
- 为了将纳法（nF）转化为法拉第值，将pF值除以1000000000。
- 为了将微法（μF）转化为法拉第值，将pF值除以1000000。

电阻

- 为了将千欧（kΩ）转化为欧姆（Ω），将kΩ值乘以1000。
- 为了将兆欧（MΩ）转化为欧姆（Ω），将MΩ值乘以1000000。

下面给出计算 LED 点亮时间的公式。

On = 0.693×（$R1$+$R2$）×$C1$

On = 0.693×（22kΩ+220kΩ）×2.2μF

On = 0.693×（22,000Ω+220,000Ω）× 0.0000022F

LED 点亮的时间 = 0.37 秒

下面给出计算 LED 关闭时间的公式。

Off = 0.693×$R2$×$C1$

Off = 0.693×220kΩ×2.2μF

Off = 0.693×22,000Ω×0.0000022F

LED 关闭的时间 = 0.34 秒

下面给出计算 LED 闪烁频率的公式。首先，一个周期的全部时间是

T = $T1$ + $T2$ = 0.37 +0.34 = 0.71 秒

那么，可以计算出振荡频率为

$$F= 1/T = 1/0.71$$

LED 闪烁的频率 = 1.4 Hz

这意味着 LED 的开 / 关周期为每秒大约 1.5 次。

进一步的试验

试着将两个电阻 R1 与 R2 采用不同的电阻值进行替代，看看这将对 LED 的闪烁速率产生什么影响。在你对这些器件值进行任何改变之前，确认将电池从面包板上取下来。

小心！

不要改变电阻 R3 的电阻值，因为这可能会损坏 LED。

你还可以试着改变电容器（C1）的电容值，看看对 LED 的闪烁速率造成什么影响。如果你采用电解电容器，要确认你在电路中将电解电容器按照正确的方式进行连接，以便电解电容器的负极连接到 IC1 的管脚 1。

提示！

如果你改变了器件值，而 LED 看起来好像没有闪烁，那么试着采用公式计算一下 LED 开启与关闭的时间。你可能会发现 LED 实际上以一个非常快的速率在闪烁，以至于人眼看起来 LED 一直是点亮的。

表 5-1 给出了器件值的几个实例以便进行试验。此表还显示了一些空白，这样你可以写下你在试验中所发现的一些有用的器件值。

表5-1 有用的非稳态定时电路的器件表

$R1$	$R2$	$C1$	LED 点亮（秒）	LED 关闭（秒）	全部时间（秒）	频率（Hz）	备注
22 kΩ	220 kΩ	2.2μF	0.37	0.34	0.71	1.4	信息指示灯：LED以固定的速率闪烁
220 kΩ	220 kΩ	2.2μF	0.67	0.34	1.01	0.99	红色报警：LED点亮时间比关闭时间长
18 kΩ	18 kΩ	2.2μF	0.05	0.03	0.08	12.2	闪烁光：LED以非常快的速率闪烁

续表

$R1$	$R2$	$C1$	LED点亮（秒）	LED关闭（秒）	全部时间（秒）	频率（Hz）	备　　注

总结

在本章中，你学习了如何采用555定时器集成电路使LED开启与关闭。你能想到这一

电路任何可能的应用吗？你能想到任何你所见到过的电子产品采用这种类型的闪烁LED效应吗？在后面的试验中还会见到这个电路，这些试验可能会为你提供一些其他想法。

第 6 章

显示屏如何显示颜色？采用 RGB LED 的试验

如果一直按照顺序完成这些试验，你就学习了如何点亮 LED 以及如何计算其串联电阻值。你还会发现如何生成可以将 LED 开启与关闭的 555 定时器电路。本章的试验 3 讨论移动电话上的彩色显示屏如何能够产生不同的颜色。将会介绍另外一种类型的 LED，这种 LED 在器件中包含三种不同的颜色。

如何产生颜色

在搭建这个试验的电子电路之前，你会发现，了解人眼在看到颜色时是如何工作的是很有帮助的。白光实际上包含各种颜色，当这些颜色组合在一起时，对于肉眼来讲看起来是白色的。当你看彩虹时，你可以看到太阳光中颜色的范围。

在移动电话显示屏上看到的各种颜色，或者说实际上是任何类型的彩色显示屏，例如你的电视机或者计算机显示屏，都采用一种相似的方法来产生颜色。通过将仅仅三种颜色（红色、绿色、蓝色）的光混合在一起来生成图像，彩色显示屏能够显示许多不同的颜色。参看图 6-1，此图显示仅采用红色、绿色和蓝色是如何生成一些颜色的。例如，如果将蓝色与红色混合在一起，就会产生紫色。

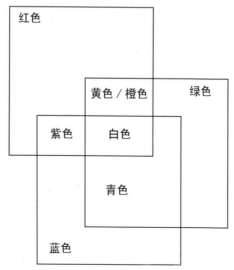

图 6-1 红色、绿色与蓝色可以混合在一起生成其他颜色

49

图 6-2 所示为移动电话上的计算器。

图 6-2 显示在移动电话显示屏上的计算器

如果用放大镜或显微镜观察移动电话显示屏，你会看到组成图像的小点（称为像素）。每个像素包含三种不同的彩色单元——红色、绿色与蓝色。图 6-3 所示为计数器 % 按钮的一个近景，它显示了图像中的单个像素。

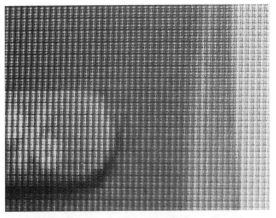

图 6-3 放大时，你可以看到单个像素

在这个试验中，你将会采用多颜色 LED

来模拟单个像素以生成各种颜色。尽管移动电话显示屏并不总是采用 LED 技术来生成图像，这一试验采用相同的颜色原理来说明你如何采用 LED 来生成不同的颜色。

红色、绿色与蓝色 LED

到目前为止，你已经在试验中采用了红色 LED，本试验采用红色、绿色与蓝色（RGB）LED，它包含三个颜色元素。图 6-4 所示为一个典型的 RGB LED。

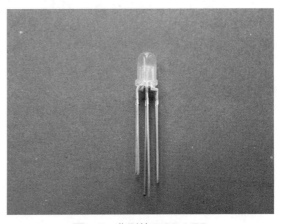

图 6-4 典型的 RGB LED

LED 有两个管脚（阳极与阴极），你能够将它连接到电路中，如第 4 章中的说明。由于 RGB LED 包含三个颜色，它通常有 6 个管脚——每个 LED 颜色有两个管脚。图 6-5 所示为本试验使用的 RGB LED 管脚布局。可以看到，这一 LED 实际包含两个蓝色单元，但是，在这个试验中，仅使用其中一个。如果采用另外一种类型的 RGB LED，它可能会具有稍微不同的管脚布局。可以在相关生产厂商或供应商的技术说明中查到这些数据。

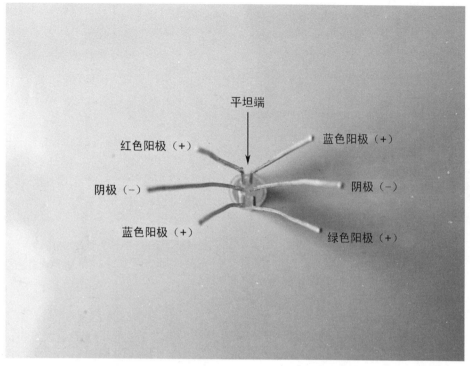

平坦端

红色阳极（+）　　　　　　蓝色阳极（+）

阴极（–）　　　　　　　　阴极（–）

蓝色阳极（+）　　　　　绿色阳极（+）

图6-5　用于本试验的 RGB LED 的管脚布局

试验3：采用RGB LED 来产生颜色

此试验为你显示如何采用各种方式来点亮 RGB LED，以便生成图6-1所示的各种颜色。还可以采用各种电阻值来生成其他有趣的颜色组合。

电路图

此试验的电路图如图 6-6 所示。

电路是如何工作的

此电路是采用三个搭建模块组成的：电源、输出与输入。此电路是由串联的三个1.5V 的 5 号电池所产生的 4.5V 电压来供电的。RGB LED（D1）与三个电阻（R1、R2 与

R3）构成了此电路的输出部分。此电路非常直观，与第 4 章中的 LED 试验非常相似，但是，此处包含了三个串联电阻，每个电阻用于每个 LED 颜色。查看 RGB LED（D1）的电路符号，你会发现它包含三个不同的 LED，每个 LED 为一种颜色。

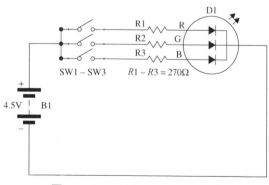

图6-6　RGB LED试验的电路图

三个开关 SW1 到 SW3 构成了此电路的输入部分。在此试验中不会使用实际的开关，你将会采用一些导线连接。当在电池正极与三个电阻（R1 到 R3）中的一个电阻之间连接了任何导线连接开关时，它使得电流流入到每个彩色 LED 中，你将很快看到对 LED 颜色造成的影响。

LED 电阻计算

在第 4 章，计算 LED 串联电阻的公式如下。

$$R = (V - V_F) / I_F$$

- R 是串联电阻值（以欧姆，Ω 表示。）
- V 是电路的电压（以 V 表示）。
- V_F 是 LED 的典型正向电压跌落（以 V 表示）。
- I_F 是通过 LED 的电流量（以 A 表示）。

绿色与蓝色 LED 的 V 标称值通常与红色 LED 的 V 标称值不同，因此，每个颜色 LED 的串联电阻需要单独计算。我们需要确认流过每个彩色 LED 的最大电流不超过 25 mA，采用新的电池时，电压大约为 5V。这一试验的计算值显示如下。

对于红色 LED：

$$R = (V - V_F) / I_F$$
$$V_F （典型值） = 2.0 \text{ V}$$
$$R = (V - V_F) / I_F$$
$$= (5 - 2.0) \text{ V} / 0.025A$$
$$= 3V/0.025A$$
$$= 120\,\Omega$$

对于绿色 LED：

$$R = (V - V_F) / I_F$$
$$V_F （典型值） = 2.2 \text{ V}$$
$$R = (V - V_F) / I_F$$
$$= (5 - 2.2) \text{ V}/0.025A$$
$$= 2.8V/0.025A$$
$$= 112\,\Omega$$

对于蓝色 LED：

$$R = (V - V_F) / I_F$$
$$V_F （典型值） = 4 \text{ V}$$
$$R = (V - V_F) / I_F$$
$$= (5 - 4) \text{ V}/0.025A$$
$$= 1V/0.025A$$
$$= 40\,\Omega$$

欧姆定律显示，当电阻增加时，电流减小，因此，可以看到，如果采用 270Ω 的电阻用于每种颜色的 LED，这会将电流减小到远远低于最大的计算值 25mA。

面包板布局

采用零部件列表中的面包板与器件，搭建电路布局，此电路布局显示在图 6-7 中。另一个从不同角度拍摄的近景照片如图 6-8 所示。你将会注意到电池负极也被连接到所用 LED 的右侧阴极（–），这是为了确保 LED 的红色单元被正确点亮。

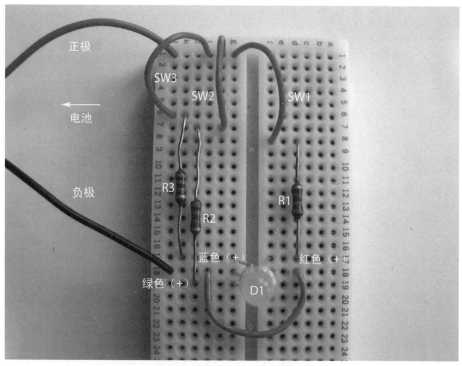

图6-7 RGB LED试验的布局

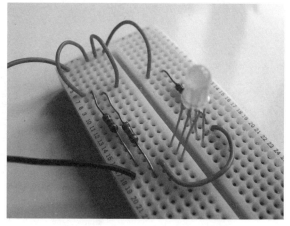

图6-8 RGB LED布局的近景图

你用到的东西

这个试验需要的器件与设备列在下表中。在试验之前，准备所需的器件与设备。

代　码	数　量	描　述	附　录代　码
D1	1	5 mm RGB LED	6
R1	1	270Ω 0.5W ±5% 容限的碳膜电阻	-
R2	1	270Ω 0.5W ±5% 容限的碳膜电阻	-
R3	1	270Ω 0.5W ±5% 容限的碳膜电阻	-
B1	1	4.5V电池盒	15
B1	3	1.5V的5号电池	-
B1	1	PP3电池夹	17
-	1	面包板	1
SW1、SW2、SW3	-	导线连接	-
R1、R2、R3*	-	各种0.5W ±5% 容限的碳膜电阻，电阻值大于180Ω	-

* 参见本章末尾的"进一步的试验"中的指南。

注意

此表的附录代码栏指的是我在本试验中所使用的特定部件。本书的附录中列出了获取这些部件的详细信息。

注意

参见第 3 章中有关搭建面包板布局与故障查找指南的相关信息。

开始做试验了！

一旦你搭建了面包板布局，那么，将4.5V 的电源连接到面包板上，如图 6-9 所示，确认每个导线（SW1 到 SW3）连接到电池的正极。则 LED 应该点亮为蓝色 / 白色。

如果 LED 没有点亮，或点亮为其他颜色，那么，立即取下电池，并检查 LED 引线是否按照图中所显示的方式连接到电阻上。

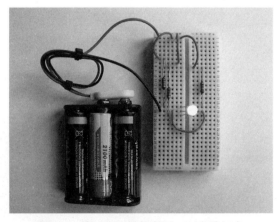

图6-9　将三个开关都激活，对电路加电

混合颜色

有趣的部分：让我们来生成一些颜色。下列每个试验都为你显示如何生成如图 6-1 所示

的各种颜色。

先取下所有导线连接。然后，将 SW3 连接到电池正极的电缆线上，这是面包板左上侧第一排上的任何一个孔（图 6-10 中的孔 1G 到 1L），并且不连接 SW1 与 SW2。然后，加上电池，你应该看到 LED 闪烁蓝光，如图 6-10 所示。

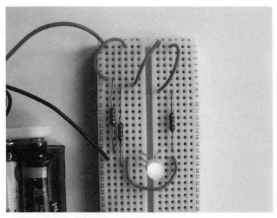

图 6-10　激活的 SW3 使得 LED 发出蓝光。注意，当不使用时，两个其他的链路只是连接到面包板的 1A 到 1F 排，这些排上没有加电压

 提示！

在一个黑色屋子里尝试这个试验，这样更容易看到颜色。

下面，将导线连接 3 断开，并且将导线连接 2 连接到电池正极。则 LED 将会显示为绿色。

最后，尝试各种导线连接结构以便查看 RGB LED 能够生成的不同颜色。

表 6-1 显示各种导线连接开关结构以生成各种颜色。采用列表中的空格写下你所生成的颜色。

 注意

表中的"On（开启）"意味着导线被连接到电池正极。"Off（关闭）"意味着导线没有被连接。

进一步的试验

在你有机会采用各种开关设置进行试验之后，试着将一些或全部电阻值改变为不同电阻值，并且尝试各种导线连接设置以便查看它对于你所生成的颜色产生什么影响。可以发现颜色变化是非常小的，这取决于你所使用的电阻值。可以在表 6-2 中的空格中写下你的试验结果。此表中显示两个实例，以便你开始进行试验。

表 6-1　通过改变各种开关设置所产生的 LED 颜色

SW1 与 R1 值	SW2 与 R2 值	SW3 与 R3 值	LED 颜色
关闭	关闭	关闭	
关闭	关闭	开启（270Ω）	
关闭	开启（270Ω）	关闭	
关闭	开启（270Ω）	开启（270Ω）	
开启（270Ω）	关闭	关闭	
开启（270Ω）	关闭	开启（270Ω）	
开启（270Ω）	开启（270Ω）	关闭	
开启（270Ω）	开启（270Ω）	开启（270Ω）	

表6-2　完成测试的列表

SW1与R1值（红色）	SW2与R2值（绿色）	SW3与R3值（蓝色）	LED颜色
开启（120Ω）	关闭	开启（2.7 kΩ）	粉色
开启（390Ω）	开启（120Ω）	关闭	石灰绿
关闭	开启（　Ω）	开启（　Ω）	
关闭	开启（　Ω）	开启（　Ω）	
关闭	开启（　Ω）	开启（　Ω）	
关闭	开启（　Ω）	开启（　Ω）	
开启（　Ω）	关闭	开启（　Ω）	
开启（　Ω）	关闭	开启（　Ω）	
开启（　Ω）	关闭	开启（　Ω）	
开启（　Ω）	关闭	开启（　Ω）	
开启（　Ω）	开启（　Ω）	关闭	
开启（　Ω）	开启（　Ω）	关闭	
开启（　Ω）	开启（　Ω）	关闭	
开启（　Ω）	开启（　Ω）	关闭	
开启（　Ω）	开启（　Ω）	开启（　Ω）	
开启（　Ω）	开启（　Ω）	开启（　Ω）	
开启（　Ω）	开启（　Ω）	开启（　Ω）	
开启（　Ω）	开启（　Ω）	开启（　Ω）	

 小心！

确认你采用电阻值大于120Ω的电阻，否则，你可能会损坏LED。

总结

通过改变电阻值，你会发现，可以加亮或者调暗每个LED彩色单元。当各种颜色混合在一起时，它们改变了LED的颜色。这与移动电话显示屏上的每个像素如何能够产生各种颜色以形成完整的图像是相似的。实际上，移动电话显示屏并不采用各种电阻值的电阻来完成这一功能；相反，它采用复杂的电子电路来控制每个像素的亮度。

此试验还使你感受到了电子电路会有多小。你在本试验中所使用的LED直径仅仅是5mm，移动电话显示屏可能具有640×480像素的显示屏分辨率，这意味着显示屏实际上包含307 200个像素。如果你想要采用5mm LED搭建显示屏，移动电话显示屏将会有3.2米宽×2.4米高！这是一个很大的电话！

第 7 章

我们可以通话吗？搭建可以工作的电话机

移动电话的一个非常重要的作用是它允许你与别人通话！如果你已经读过了第 4 章，你会意识到，移动电话包含 1 个耳机，它使你能收听其他人讲话，还包含 1 个麦克风，使你的声音转化为电信号，电话另一端的人能够听到此信号转化的声音。

本章的试验 4 为你展示了如何采用几个器件以及麦克风与耳机来搭建基本的电话。这种电路中的两个电路在一块面包板上被组合在一起，这样你就能与另一个房间内的人建立双路的对话。

电话的基本配置

在你开始试验之前，你会发现，了解如何建立一个基本的电话连接是很有帮助的。这一试验并不为你展示如何生成无线移动电话信号并通过移动网络进行通信，但是，它确实为你展示如何生成能够模拟固定电话工作的硬件连接的电路。

图 7-1 所示的电路框图为你展示基本的电话电路是如何工作的。

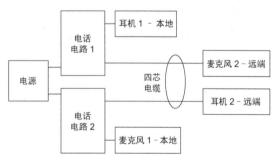

图7-1 一个基本的电话设置

从图 7-1 看出，电话电路需要一条四芯电缆将两个电话接收机连接在一起。这一连接可以用各种方式进行。从电路框图看出，在这个实例中，来自电路 1 的麦克风电路被放置于来自电路 2 的耳机旁边以构成远端的电话接收机。

有趣的事实

苏格兰发明家亚历山大·格雷厄姆·贝尔（1847-1922）在1876年（他年仅29岁时）设计与搭建了第一个能够工作的电话机。

试验4：搭建可以工作的电话机

此试验显示，图7-1中的搭建模块通过采用几个电子器件可以被激活。先搭建半个电话机（麦克风与耳机），然后，继续增加此电路的第二部分以构成能够工作的电话机，此电话机使你能与朋友进行双路对话。

电路图

图7-2中试验电话的电路图显示了发射机/接收机电路。你最终将搭建两个这样的电路来构成一个完整的双路电话。

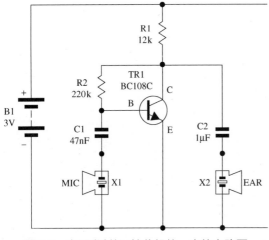

图7-2　电话发射机/接收机的一半的电路图

电路是如何工作的

此电路被归类为模拟电路，因为，它将输入到麦克风的声音转化为移动的电信号波形，然后，波形进入耳机时，被转化回声音信号。此电路是采用四个搭建模块构成的：电源、输入、控制电路（放大器）以及输出。

此电路由串联的两节1.5V的5号电池（B1）产生3V的电源来供电。麦克风（X1）实际上是一个晶体耳机，在本试验中也作为麦克风来工作。

TR1、R1、R2、C1与C2构成控制电路。该电路是一个基本的放大器电路，它能够由3V电源来供电。放大器的核心是一个NPN晶体管（在第3章中已经学习了晶体管的相关信息）。

电路是这样工作的：晶体管的基极接收来自麦克风的输入电压信号，它将此信号转化为一个更大的电压输出，该电压输出通过晶体管的集电极与发射极被馈入。这一变化的电压信号在耳机中被模拟，信号通过集电极与发射极进行导线连接，并将此信号转化为通过麦克风听到的复制的声音。

两个电容器（C1与C2）有助于过滤掉任何不需要的电压信号，以便提供更加清晰的声音信号。电阻R1与R2使本试验中的声音电平达到很好的水平。

耳机（X2），是第二个晶体耳机，它将来自放大器控制电路的放大电信号转化为你能听到的声音信号。

你用到的东西

下表中列出了在这个试验中你将用到的器件与设备。在试验之前，要准备好你所需要的东西。

代 码	数 量	描 述	附录代码
TR1-2	2	BC108C NPN晶体管	9
R1/R3	2	12 kΩ 0.5W ±5% 容限的碳膜电阻	—
R2/R4	2	220kΩ 0.5W ±5% 容限的碳膜电阻	—
C1/C3	2	47 nF 陶瓷圆片电容器	—
C2/C4	2	1μF 聚酯电容器	—
X1-X4	4	晶体耳机	21
B1	1	3V电池盒	14
B1	2	1.5V的5号电池	—
B1	1	PP3电池夹	17
—	1	面包板	1
—	—	导线连接	—
—	1	12-路接线板	—
—	1	四芯电话线	—

注意

此表的附录代码列指的是本试验使用的特定部件。本书的附录中列出了获取这些部件的详细信息。

晶体耳机

此电路采用四个晶体耳机（X1 ～ X4），这些耳机在前面几章中都没有讨论过。看起来与图 7-3 中显示的类型相似。

晶体耳机塞入耳中，它包含一个与导线连接的晶体。无论何时，通过导线出现移动的信号，晶体就会振动，这可以将电信号转化为你能够听到的声音信号。（它是个灵敏的器件，可以用非常规的方式使用，它还可以用作麦克风——尽管它不是设计用来完成这一功能的，但是它能够工作！当你开始搭建试验时你就会看到它如何工作。）晶体耳机对极性不敏感，因此，你在电路中怎样连接这两条导线的方向都没有关系，然而，在这个电路中，它在一个方向上工作得更好，因此，你可能需要切换这两条导线以便找到最好的工作模式。

图 7-3 右侧的晶体耳机没有包括塞入你耳朵中的那部分，这样你能够看到里面的晶体。还使得耳机能够更容易收听

面包板布局

采用面包板与零部件清单中的器件，搭建如图 7-4 中所示的电路布局。你将会注意到，

在这个阶段，会有一些器件留下来。将这些器件保存下来用于下一阶段的试验，这将随后进行描述。

 注意

参见第 3 章中有关面包板布局与故障查找指南的相关信息。

图 7-5 显示在不同的角度拍摄的面包板布局近景图。

图 7-6 显示带有麦克风与耳机的最终布局。

 注意

你可以在第 3 章中看到更多有关本试验中所使用的晶体管及其管脚连接的信息。

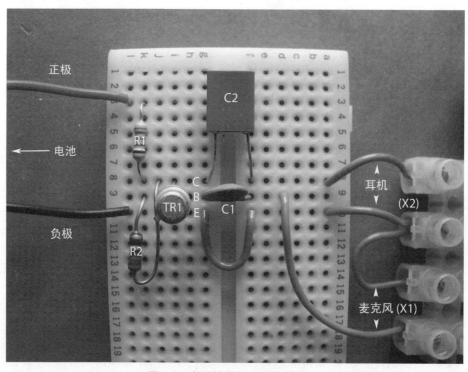

图 7-4 电话接收机的面包板布局

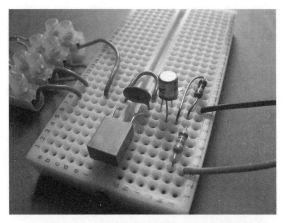

图 7-5 电话发射机/接收机的近景图

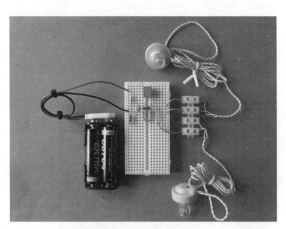

图 7-6 完整的布局

开始做试验了！

在你搭建了面包板布局之后，将 3V 电池盒连接到 PP3 电池夹，并将耳机（X2）放入耳中。现在，取出麦克风（X1），并将它在手中移动。你应该在耳机中听到沙沙声，这是麦克风发送到耳机中的噪声。如果你听到沙沙声，将麦克风握在手中，并向它讲话。你应该在耳机中清晰地听到你的声音！

如果这样不能工作，试着在耳机的两个电缆之间进行切换。如果电路仍然不能工作，那么对麦克风执行同样的操作；这样就得到了你

所能听到的信号清晰度的差异性。

如果愿意，你可以采用 20 英尺长的双芯电缆，并且将麦克风布置在另外一个房间内，然后，请一个朋友对着它讲话，同时你用耳机来收听。你应该清晰地听到另一个人的声音。然而，这个设置唯一的问题是，你能够听到你的朋友，但是，他将不能听到你讲话，因为你的朋友没有耳机，而你没有麦克风。因此，你需要采用你所保存的备用器件来搭建一个相同的电路。图 7-7 所示为完整的电路图。

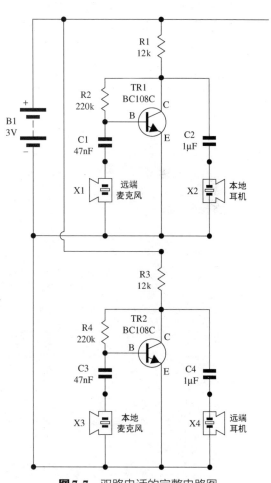

图 7-7 双路电话的完整电路图

你可以在面包板上搭建第二个电路，并

且将它们连接在一起来构成一个布局，如图 7-8 所示。这一布局与图 7-1 所示的电路框图相似。

注意

注意电池的正极与负极引线是如何被连接到导线上的，它为这两个电路的一半提供电源。

图 7-8 中所示的本地麦克风与耳机就是你的电话。现在，采用一个四路接线板和一个四芯电缆，你可以将一个远端麦克风与耳机连接到另一个房间中的一个匹配的四路接线板。这是你朋友的电话。第二个接收机设置

如图 7-9 所示。

如果你的朋友对着麦克风讲话，你应该能够清晰地听到他的声音，如果你对着你的麦克风讲话，你的朋友应该能够在他的耳机内听到你。祝贺你！你已经搭建了一个可以工作的电话机！

此电路的效率很高，仅仅需要大约 0.5 mA 的电流，这意味着这两节 5 号电池而不必进行更换。将会维持好几个星期。

提示！

当不使用电池时，确认从电路中取下电池。

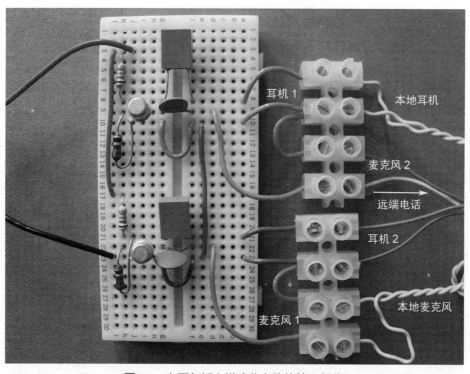

图 7-8　在面包板上搭建此电路的第二部分

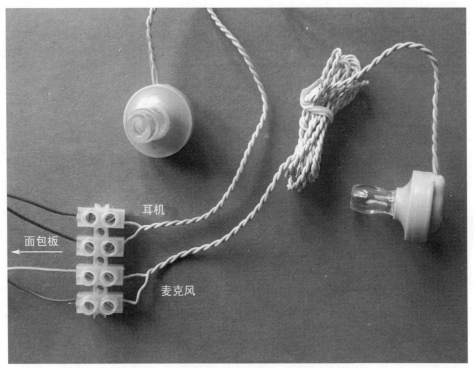

图7-9 为你的朋友搭建的第二个电话接收机

进一步的试验

此电路非常灵活，很宽范围内的器件值都能够工作，尽管电话的声音质量由于所使用的器件值会改变。如果你不能找到 BC108C 晶体管，可以采用具有高增益的 NPN 晶体管代替它。我测试了一个 BC267B NPN 晶体管，它似乎在此电路中工作良好。然而，有些晶体管不能很好地工作，例如 BC109。试着改变电容值以查看这对声音质量会产生什么影响。减小 R2 值还会降低你在耳机中听到声音的音调与音量。

总结

在本章中，你学习了如何采用晶体管以及一组电阻和电容来构成放大器电路，使人类的声音通过麦克风能够转化为一个电信号。然后，这一电信号放大（变大）并转化回电信号，此信号足够大，这样，就能够在耳机中听到这一信号。你还发现通过将两个相同的放大器电路组合在一起，可以生成模拟实际电话的电路。

第三部分
控制电路：仪表盘电路

第 8 章

朝哪个方向？
搭建指示灯
电路

本书的这一部分专门用于收集各种试验，这些试验模拟汽车中的一些特性。在我们搭建第一个仪表盘试验之前，想象一下你可能会在汽车仪表盘上看到的特性。

一个典型的汽车仪表盘的特性

看一下图 8-1 与表 8-1，它们显示和描述了一些你可能会在汽车仪表盘上发现的特性。

本章中，你将会搭建与表 8-1 中所显示的特性相关的一些试验。

图8-1 一个典型的汽车仪表盘

表8-1 一个典型的汽车仪表盘的重要特性

特　　性	描　　述
指示灯/转向信号*	为其他司机显示你想要移动到哪个方向
风挡雨刷器控制	按钮或者开关激活雨刷器，将雨水从挡风玻璃上去掉
扬声器*	方向盘的一部分，它发出一个很大的噪声提醒路上的其他人
温度传感器*	测量引擎的温度
速度表/里程表	显示你移动得有多快，以及你已经移动的里程数
每分钟转数RPM表	显示引擎每分钟的转数
燃油量表	为你显示油箱中油料的数量
油量指示灯	表示引擎是否需要更多的油料。
雨水探测器*	当下雨时，探测汽车外面，以便自动激活挡风玻璃的雨刷器

我们将要研究的特性由一个星号（）表示。

试验5：搭建指示灯电路

在本试验中，将会生成指示灯，它模拟汽车上的转向信号，采用两个 LED 作为仪表盘上的左右转向信号灯。你可能已经注意到，当汽车中的转向信号被激活时，随着闪烁的光，它会同时产生"咔哒"声。这是因为，此转向灯采用继电器来切换指示灯，它会产生这种声音。我们的电路也包含一个继电器，这意味着它也会产生同类的"咔哒"声。

小心！

本试验为你展示如何使 LED 闪烁。如果你患有癫痫症或者对于闪光灯敏感，那么，这个试验对你不适合。

组电器是什么？

在查看电路及操作之前，你应该了解继电器有什么功能，以及它是如何工作的。继电器可以作为电子开关，它使你能用一个小电流来切换大得多的电流与电压，而这两个不同的电路不会混合在一起。继电器是通过采用一个电磁铁来激活开关而完成这一功能的。当继电器的线圈上加上电压时，就产生了一个电磁铁（如图8-2所示）。因此，例如，在一辆汽车中，当指示灯开启与关闭时，与继电器的控制输入电流相比，它会抽取相当大的电流。

下面是一个典型的双刀双掷继电器的电路符号。

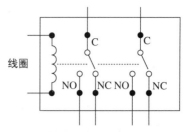

此符号中的卷曲连接表示继电器的线圈，而另一个连接是开关的接触点。图 8-2 所示为一个典型的继电器，电磁感应线圈在左侧，而开关接触点在右侧。

图8-2 一个典型继电器的内部

下面是一些术语，在阅读或购买继电器时会遇到。

- 线圈　线圈具有一个电压标称值，你要确认这个电压与你的控制电路的电压相同或者稍微高于你的控制电路的电压。
- 开关接触点　接触点也具有电压与电流标称值，这些数据需要高于你的输出电路的电压与电流标称值。
- 常开触点 Normally Open（NO）　它与继电器的接触点有关。它意味着，当继电器没有被激活时，这些接触点没有接触，处于开路位置，构成一个开路。
- 常闭触点 Normally Closed（NC）　它与继电器的接触点有关。它意味着，当继电器没有被激活时，这些接触点是接触在一起的，处于闭路位置，构成一个短路。

- 单个（Single pole） 这一继电器包含一组开关接触点，一个常用连接，以及一组常开与常闭的接触点。
- 双个（Double pole） 这一继电器包含两组常用的、常开与常闭的接触点。

注意

其他电子器件的详细信息在第3章中有相关说明。

电路图

现在，让我们来看一下如图 8-3 所示的指示灯的电路图。

电路是如何工作的

这一电路是由四个搭建模块组成的：电源、输入、控制电路（555 非稳态脉冲发生器）以及输出。该电路是由四节 1.5V 的 5 号电池来供电的，这四节电池由导线串联在一起构成 6V 电源。"开"开关（SW1）是此电路的输入，并且使指示灯 LED 点亮。如果你已经阅读了第 5 章，你应该了解了如何制作闪烁的 LED，那么，这一控制电路对你来讲应该很熟悉。此控制电路包含一个配置为非稳态模式的 555 定时器（IC1），其开关时间是由 R1、R2 与 C1 的数值来设置的。两个 LED（D1 与 D2）及其串联电阻（R3 与 R4），以及继电器电路（RL1、D3 与 D4），构成了此电路的输出部分。

下面给出电路是如何工作的：555 定时器，它被设置为非稳态模式，由此器件的管脚 3 构成了一个常规的脉冲输出。这一脉冲信号激活了继电器（RL1）的线圈，并且以固定的时间间隔将继电器开启与关闭。二极管 D4 的目的是为了确认只有来自 555 定时器输出的正信号到达继电器的线圈。D3 作为一个续流（或者回扫）二极管，此电路包含这个器件是很重要

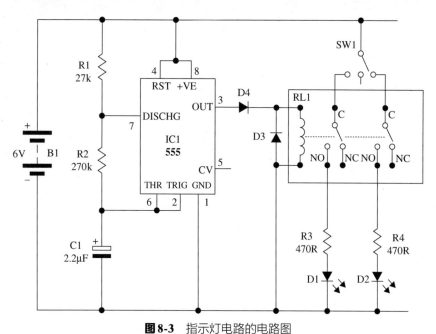

图 8-3 指示灯电路的电路图

的，因为当线圈没有被激活时，由于电磁感应线圈不工作，小电流会从线圈连接处流出，这一小电流可能会损坏 555 定时器。由于电路中包含了二极管 D3，它使电流流回到线圈中，直到它逐渐消失，这就阻止了破坏电流到达 555 定时器。

有趣的事实

回扫二极管可以用于消除回扫，回扫指的是，当电压突然减小或者去掉时，在电感负载中出现的突发电压脉冲。

面包板布局

采用零部件清单中的器件，按照图 8-4 所示的指示灯的面包板布局来搭建电路。

图 8-5 与图 8-6 所示为面包板布局的近景图像，它能帮助你来搭建此电路。

开始做试验了！

一旦搭建了此电路，那么，连接作为面包板正极与继电器左侧的常用连接之间的开关（SW1）的导线链接，然后，将电池连接到电路中，如图 8-7 所示。

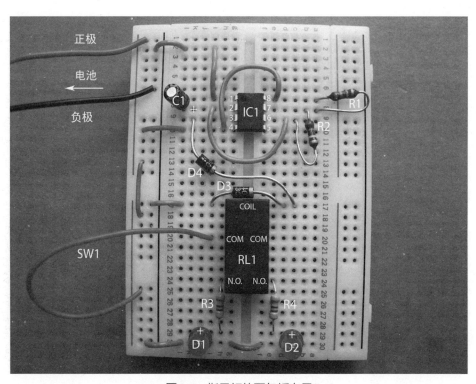

图8-4 指示灯的面包板布局

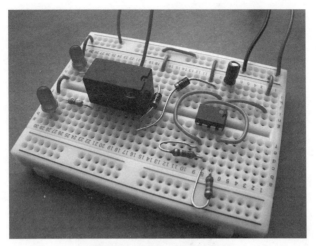

图8-5 面包板布局的近景

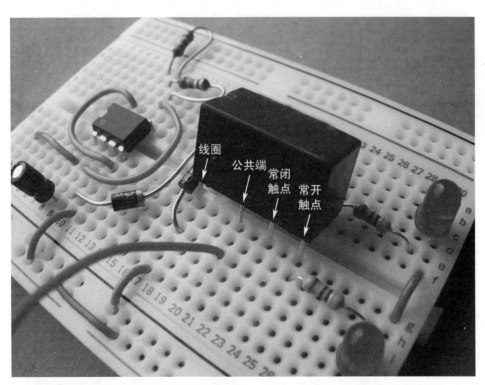

图8-6 继电器稍微有些移动的近景图，这样，你就能够看到管脚接触点了

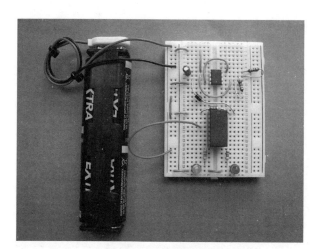

图8-7 "左转"转向灯

你用到的东西

下表列出了在这个试验中你用到的器件与设备。试验之前，应准备好这些器件与设备。

代 码	数 量	描 述	附 录 代 码
IC1	1	555定时器	18
R1	1	27kΩ0.5W±5%容限的碳膜电阻	—
R2	1	270kΩ0.5W±5%容限的碳膜电阻	—
C1	1	2.2μF电解电容器（最小10V标称值）	—
D1/D2	2	5mm红色LED	4
R3/R4	2	470Ω0.5W±5%容限的碳膜电阻	—
D3/D4	2	1N4003二极管	—
RL1	1	双刀双掷继电器，带有6V直流线圈	23
SW1	1	导线连接	—
B1	1	6V电池盒	16
B1	4	1.5V的5号电池	—
B1	1	PP3电池夹	17
—	1	面包板	2
—	—	导线连接	

注意

此表的附录代码列指的是我在本试验中所使用的特定部件。本书的附录中列出了获取这些部件的详细信息。

你会发现继电器开始发出"咔哒"声，并且左侧的 LED 随着"咔哒"声开始同时开启与关闭，就像汽车中实际的转向灯信号一样。

现在，试着从继电器的左侧将导线连接移动到右侧。如图 8-8 所示，这时右侧的 LED 将随着继电器开启与关闭。

图 8-8 "右转"转向灯

进一步的试验

在你完成指示灯试验之后，试着做几个其他的试验。

● 看一下你是否能够调节电路以便 LED 能够

随着继电器开启与关闭，就像汽车上的危险指示灯那样。

● 一旦你设计出一种电路，那么看一下你是否能够调节电路使 LED 交替开启与关闭，这样，当左侧的 LED 开启时，右侧的 LED 关闭，而当左侧的 LED 关闭时，右侧的 LED 开启。

 提示！

不要忘记，继电器包含常开与常关的接触点。注意，两个 LED 的平坦面都朝着面包板的底部放置。

总结

在本章中，你学习了如何使基本的 555 定时器电路驱动继电器，继电器可以被用于驱动电流标称值高出 555 定时器所能处理电流的 LED 或者指示灯。你还了解了继电器是如何工作的，以及二极管是如何用于电路中来保护敏感的电子电路不会受到继电器线圈"回扫"的影响。

第 9 章

这里很热吗？搭建温度传感器

大部分汽车的仪表盘都有温度表，它显示引擎的相对温度。这一读数会警告你是否引擎太热，因为过热的引擎意味着有可能会出问题，而你应该停车检查。大部分仪表盘还有指示灯，当引擎达到太高的温度时，指示灯会点亮，你可能在仪表盘上看不到这个指示灯，因为它通常是关闭的。当它开启时，它可能看起来就如同图 9-1 所示的那样。

图 9-1 仪表盘上的典型温度指示灯

在这个试验中，你会采用温度传感器来搭建电路，如果传感器周围的温度升高，那么它会点亮 LED。

当然，此电路不是用于汽车引擎的，但是这一电路可以用于其他目的，本章的最后部分将会给出一些应用的建议。

 试验 6：搭建温度传感器

在查看温度传感器试验的电路图之前，你需要了解本试验中所使用的温度传感器件是如何工作的。

热敏电阻是什么？

在这个试验中，你将会认识一种元器件——热能电阻，它是电阻系列器件中的一部分。热敏电阻的电路符号看起来是下面这样的。

热敏电阻具有电阻，就像电阻器一样，但是热敏电阻的电阻值会随着它周围的温度变化而变化。你将会认识几种不同类型的热敏电阻，它在不同温度下具有不同的电阻值。下面给出两种主要类型的热敏电阻。

- 负温度系数（NTC）这种类型的热敏电阻随着周围温度的升高，电阻值会降低。
- 正温度系数（PTC）这种类型的热敏电阻随着周围温度的升高，电阻值会升高。

在此试验中，你将会采用 NTC 热敏电阻，如图 9-2 所示。当环境温度大约为 20℃ 时，这种热敏电阻具有大约 5kΩ 的电阻值。

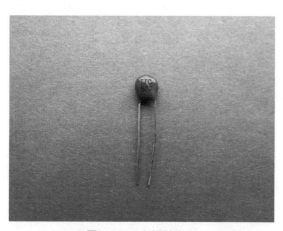

图 9-2 一个热敏电阻

如果将热敏电阻的引线插到面包板上，并且采用万用表来测量其电阻值，你会看到热敏电阻的电阻值会发生什么。根据环境温度的不同，你应该发现热敏电阻的电阻值大约是 5kΩ。如果你将手指放置在热敏电阻的塑料外壳上，当你的体温传送到此器件上时，电阻值会开始减小。在开始做试验时，当热敏电阻的温度达到某个数值时，你将利用这一电阻值的变化来点亮 LED。

注意

其他电子器件的详细信息在第 3 章中有详细描述。

分压器计算

你将会在你的试验中研究一种称为"分压器"的简洁电路技术。这种类型线路的布局如图 9-3 所示。

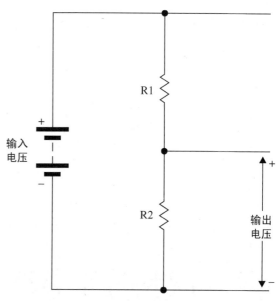

图 9-3 分压器电路

这种类型的电路使你通过改变电阻值能够生成特定的输出电压。你可以采用下面这一公式来计算输出电压。

输出电压 = 输入电压 × [R2/（R1+R2）]

例如，假设 $R1$ 与 $R2$ 都是 4.7kΩ，而输入电压（电源电压）是 4.5V。如果你将这些数值代入公式中，可以计算出输出电压如下。

输出电压 =4.5V × [4.7kΩ/（4.7kΩ+ 4.7kΩ）]

$$=4.5V \times [4.7k\Omega / (9.4k\Omega)]$$
$$=4.5V \times 0.5$$
$$=2.25V$$

因此，由此计算，你可以看到，当 $R1$ 与 $R2$ 值相等时，输出电压是输入电压的一半。

让我们来看一下，如果你将 $R1$ 的电阻值降低到 $1k\Omega$，并且将 $R2$ 的电阻值保持为 $4.7k\Omega$ 时，会发生什么现象。

输出电压 $=4.5V \times [4.7k\Omega / (4.7k\Omega+ 4.7k\Omega)]$

$$=4.5V \times [4.7k\Omega/5.7k\Omega]$$
$$=4.5V \times 0.82$$
$$=3.69V$$

这一练习显示出，你可以通过减小 R1 的电阻值来增加输出电压。既然已经了解了这一概念，你可以将这一电路效应很好地应用在这一试验中。

电路图

查看一下温度传感器的电路图，如图 9-4 所示。你对于这一电路应该很熟悉，因为它采用了你刚刚了解的分压器。

电路是如何工作的

温度传感器电路是由四个搭建模块组成的：电源、输入、控制电路与输出。这一电路是由三节 1.5V 的 5 号电池供电的，这三节电池串联在一起以产生 4.5V 的电源。热敏电阻（$R1$）是此电路的输入部分。电阻器 $R2$ 是分压器的不变部分，而晶体管（TR1）构成了电路的控制部分。LED（D1）及其串联电阻（$R3$）是本电路的输出部分。

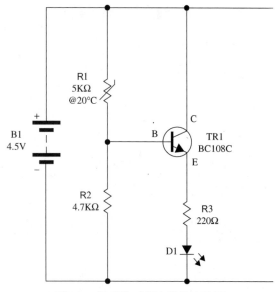

图 9-4 温度传感器电路的电路图

此电路按照如下原理工作：在大约 20℃（68 ℉）的正常环境温度下，热敏电阻的电阻值（$R1$）大约是 $5k\Omega$。这一电阻值，与 $4.7k\Omega$ 的电阻（$R2$）结合在一起，意味着晶体管的基极具有电源电压的一半 2.25V，因此，基极是对称的，既不为正也不为负，因此，晶体管不会开启，而 LED 也不会点亮。

随着热敏电阻周围的温度升高，热敏电阻的电阻值会减小。如同你在前面有关分压器的计算中所看到的，这就增加了分压器的输出电压。因此，随着温度的增加，晶体管基极电压也会升高，并且会变成正电压高于负电压。然后，晶体管开始开启，而 LED 点亮（你将在第 11 章中了解有关晶体管开关电路的更多信息）。

你用到的东西

下表中列出了在这个试验中你用到的器件与设备。在试验之前，要准备好这些器件与设备。

代　码	数　量	描　述	附录代码
TR1	1	BC108C NPN晶体管（或者任何高增益的晶体管，例如BC267B）	9
R1	1	5kΩ@25℃NTC500mW圆片电阻（TTC502）	11
R2	1	4.7kΩ0.5W±5%容限的碳膜电阻	—
R3	1	220Ω0.5W±5%容限的碳膜电阻	—
D1	1	5mm绿色LED	5
B1	1	4.5V电池盒	15
B1	1	1.5V的5号电池	—
B1	3	PP3电池夹	17
–	1	面包板	1
–	1	导线连接	—

 注意

此表的附录代码列指的是我在本试验中所使用的特定部件。本书的附录中列出了获取这些部件的详细信息。

面包板布局

本试验的面包板布局非常简单，如图9-5所示，此图还显示了所参考的器件号。图9-6中的照片是以稍微不同的角度来拍摄的，这样，你就能够看到器件管脚的位置。

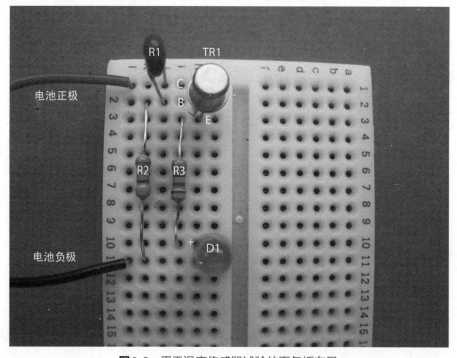

图9-5 用于温度传感器试验的面包板布局

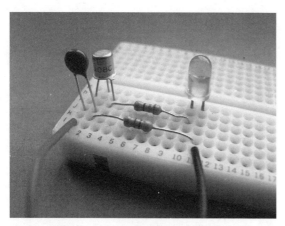

图9-6 从不同角度看到的面包板

 提示！

　　用于本试验的晶体管的管脚连接在第3章进行了描述。

　　面包板布局非常简单，仅需要几分钟就能搭建好。确认你仔细检查了电路布局，然后，将电池连接到电路中。你会发现，在这个阶段，LED（D1）没有点亮。或者，如果它点亮，也非常暗。

开始做试验了！

　　现在，你已经搭建好了电路，并且电池已经连接好，那么，用你的手指轻轻触摸一下热敏电阻的塑料外壳（不是引线），如图9-7所示。

　　几秒钟后，LED 将会稍微点亮。你手指的热量被传递到热敏电阻上，并且开始使它变热，这将会使热敏电阻的电阻值减小，这样就会激活 LED，如前所述。如果你从热敏电阻上拿开手指，那么 LED 应该开始变暗直到它不再点亮。你可能需要在一个黑暗的房间内尝试这一试验以便更清晰地观察到这一效应。

　　为了让 LED 变得更亮，需要将热敏电阻

的温度升高。试着采用一个吹风机，将它设置为中等热度，从一个安全的距离（距离面包板大约 2 英尺），对着热敏电阻上面小心地吹几分钟暖风，如图 9-8 所示。

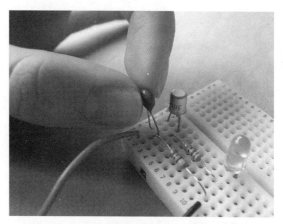

图9-7 采用你的手指使热敏电阻的温度升高

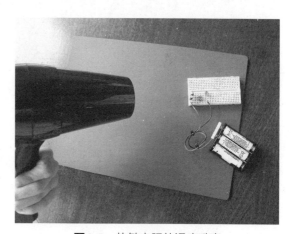

图9-8 热敏电阻的温度升高

 小心！

　　如果你是未成年人，需请一个成年人来帮助你完成这个试验。还要确认吹风机的热量不会引起面包板与器件变得太热。当你完成了这部分试验时，不要忘了关闭吹风机。

随着热敏电阻周围的温度升高，LED 将会变得明亮。当发生这一现象时，将吹风机关闭，然后查看还需要多长时间 LED 才能再次关闭。

有趣的事实

电子器件不能太热，因为它们不能像人一样出汗！如果一个器件在电路中负荷过大，它就会变得太热，可能会出现一个被称为"热击穿"的现象，当温度升高时，这会导致器件从电路中抽取越来越多的电流。当温度最后超出其设计的工作温度时，会造成器件的损坏。

进一步的试验

你自己找出计算器，试着将 R1 与 R2 的不同电阻值代入本章前面的分压器计算公式中。这将使你看到不同电阻值对输出电压产生什么影响。电子设计人员与发明人员首先应采用这些类型的理论计算，这样，他们在开始搭建电路之前就能够了解此电路可能会如何工作。

总结

在此试验中，你了解了有关热敏电阻特性的相关信息，以及其电路符号看起来是什么样的。还了解了有关分压器电路的信息，以及当你改变这两个电阻的电阻值时，如何采用公式来计算电路的输出电压是多少。最后的电路显示，当温度升高时，你可以利用热敏电阻特性来点亮 LED。

当你想要探测出温度的变化并且激活输出电路时，此电路模块可以用于许多不同的应用中。例如，在输出上增加一些附加电路，它可以连接到电扇上，当温度太高时，它可以用于使此区域变凉。这一现象会发生在计算机内——当集成电路以高温运行时，你可以听到内部风扇开启的声音。

第 10 章

滴滴！滴滴！制作电子扬声器

假设你正在沿着公路开车，需要用声音警示另一辆汽车或者行人，你不会将身子探出车窗外大喊"让路！"相反，每辆汽车都带有一个电子扬声器，它通常位于汽车前进气活门栅的后面。扬声器是由开关激活的，此开关通常位于方向盘的中间。按下方向盘将会激活扬声器，扬声器通常会发出足够大的声音以便其他汽车与行人能够听到。

此试验将探讨你如何搭建一个小扬声器，如图 10-1 所示。可以采用这个试验为你的自行车制作一个扬声器。

图 10-1 电子扬声器试验

试验 7：制作电子扬声器

你可以用很多方式来制造电子声音或噪声，本书将讨论一些这样的方法。如果完成了第 7 章的试验，你就已经制作了一个电话并且使用了晶体耳机，使你能够捕捉和复制朋友的声音。晶体耳机发出的声音不够大，不足以当做扬声器，因此，你需要采用其他器件用于此试验。

图 10-2 所示为三个不同的电子器件，你可以采用这些电子器件来生成一些声音或噪声。这些器件是电子蜂鸣器、压电圆片以及一个小的扬声器。

制造声音或噪声所需的所有电子器件通常都在电子蜂鸣器外壳里面。可以简单地将蜂鸣器连接到合适的电池电源上，它就会发出很大的蜂鸣声。图 10-2 所示的两个其他器件需要采用其他的电子电路来生成声音或噪声：压电圆片，你在本书中将不会用到；小扬声器，你将会在本试验中用到。

图10-2   各种产生噪声的器件：由左到右分别是：电子蜂鸣器、压电圆片以及一个小扬声器

你可以购买能够发出非常大声音的电子扬声器，这是汽车生产厂家希望使用的那种类型。但是，这并不好玩，当我们仅仅采用六个器件就能够制作一个扬声器时，为什么要买一个呢？

扬声器是什么？

本试验采用如图 10-2 所示的扬声器。如果一直都按照本书顺序来进行试验，这是你第一次使用扬声器。扬声器用于播放收音机、音响系统以及电视机中的声音。扬声器的电路符号显示如下。

扬声器通常有两个接头，通常被标记为 + 与 −，以便显示需要分别将哪一端连接到电路中的正极与负极。扬声器内部，有一个导线线圈，它作为一个电磁铁（类似于继电器，但是并不相同，在第 8 章中已经学习了这个器件）。当信号出现在扬声器的接头上时，不断变化的信号将会激活线圈，而它又会在扬声器内产生振动，扬声器的振动使空气发生振动，并以此产生你能够听到的噪声。

电路图

电子扬声器试验的电路图如图 10-3 所示。仔细查看此图，并将它与第 5 章中试验 2 的电路图进行比较。你应该对它很熟悉。

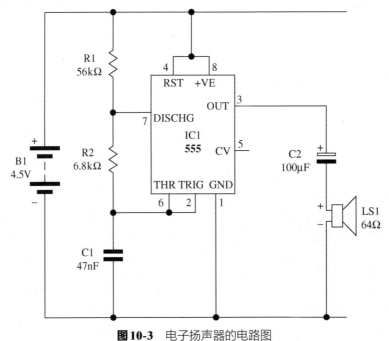

图10-3   电子扬声器的电路图

电路是如何工作的

此电路由三个搭建模块构成：电源、控制电路（555 非稳态脉冲发生器）及输出。此电路是由三个 1.5V 的 5 号电池供电的（这三节电池串联以便生成 4.5V 的电源）。如果阅读了第 5 章，你就学会了如何制作一个闪烁的 LED，因此你应该对控制电路很熟悉。控制电路包含一个配置为非稳态模式的 555 定时器（IC1），其开关时间由 R1、R2 与 C1 来设置。电容器（C2）和扬声器（LS1）构成此电路的输出部分。

此电路的核心是一个处于非稳态模式的 555 定时器。555 定时器输出的定时取决于两个电阻（R1 与 R2）以及电容器（C1）的器件值。这一电路定时会产生非常快的脉冲串，使我们能够产生声音或噪声。在前面采用这一方法的试验中，定时脉冲相当慢，大约在 1Hz；在这个试验中，定时序列脉冲处于大约 860Hz（每秒 860 次）。输出管脚 3 将这些脉冲馈入到电容器（C2）中，然后馈入到扬声器中。电容器（C2）的目的是为了去掉信号中的直流（DC）单元，并且提供一个输出，扬声器能够将此输出转化为声音或噪声。以此模拟汽车喇叭。

你所需要的东西

下表中列出了在这个试验中你所需要的器件与设备。在启动此试验之前，找出并准备好这些器件与设备。

代　码	数　　量	描　　述	附 录 代 码
IC1	1	555 定时器	18
R1	1	56kΩ 0.5W ±5% 容限的碳膜电阻	–
R2	1	6.8k Ω0.5W ±5% 容限的碳膜电阻	–
C1	1	47nF 陶瓷圆片电容（标称值最小为 16V）	–
C2	1	100 μF 电解电容（标称值最为 16V）	–
LS1	1	小扬声器（标称值为 64Ω 0.3W）	22
B1	1	4.5V 电池盒	15
B1	3	1.5V 的 5 号电池	–
B1	1	9V PP3 电池	–
B1	1	PP3 电池夹	17
–	1	面包板	2
–	–	导线连接	–

 注意

本表中的附录代码列指的是在本试验中我所使用的特定零部件。有关追溯这些零部件的信息列在附录中。

面包板布局

采用表格中的器件，按照图 10-4 所示的用于电子喇叭的面包板布局来搭建电路。

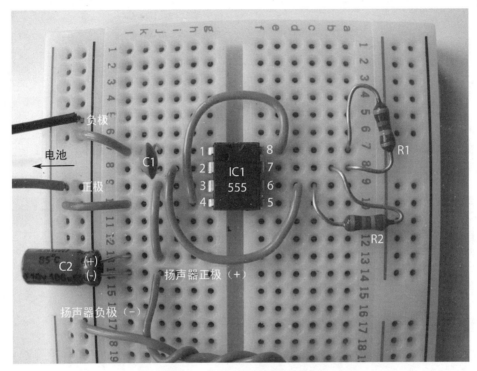

图10-4 电子喇叭的面包板布局

 注意

参见第3章中有关搭建面包板布局与故障查找指南的相关信息。

注意，电容器是一种电解器件，因此，它需要按照正确的极性连接在电路中。

你的扬声器可能没有电缆与之连接，如果是这种情况，你可以简单地采用一些绝缘的实心铜导线（用于导线连接的那种类型的导线），并且将电缆扭曲以便它缠绕在扬声器的两个接头上，如图 10-5 所示。然后，将两条导线扭曲在一起，这将有助于确保两条电缆放置到位。

图10-5 将导线像这样缠绕在扬声器接头上

图 10-6 所示为以另外一个角度拍摄的面包板布局的近景图像，这将有助于你搭建此电路。

图 10-6 555定时器周围的近景图

图 10-7 将电池连接到电路中

开始做试验了！

在搭建了电路之后，你可以将 4.5V 电池连接到电路中，如图 10-7 所示。然后，扬声器应该能够发出很大的蜂鸣声。

如果电路能够工作，你试着采用 9V PP3 电池。采用 9V 电池，噪声会变得大很多（虽然没有实际的汽车喇叭声音大）。

进一步的试验

在你用喇叭将你的父母都惹恼了之后，你可以通过改变 R1、R2 与 C1 的值进一步做试验，以查看这些改变对所产生噪声的类型有什么影响。你可以使用表 10-1 来记录你的结果。输出脉冲的非稳态周期与频率的计算公式已经在第 5 章中列出。

提示！

试着采用电阻值大于1kΩ的电阻。

总结

在本章中，你学到了脉冲调制的非稳态电路可以用于驱动扬声器并发出噪声。如果进一步做试验，你会发现，通过改变 555 定时器的频率，可以影响扬声器所发出噪声频率。你将会在第 20 章中对本概念进行详细讨论。

表10-1　改变555定时器的器件所产生结果的记录

R1	R2	C1	开启（秒）	关闭（秒）	全部时间（秒）	频率（Hz）	所产生的噪声类型
56kΩ	6.8kΩ	47nF					蜂鸣声，与汽车喇叭相似

第 11 章

外面在下雨吗？搭建水传感器

如果你正在雨中的汽车里，可以按下按钮，然后，雨刷将会开启并将雨水从挡风玻璃上擦掉，这样，你就能够看清你要去的地方。有些汽车带有专用的电子传感器，下雨时，电子传感器能够感应并且自动启动雨刷。这一试验为你展示如何搭建简单的电路和水传感器，当水接触到探头时，它能够点亮 LED。

 试验 8：搭建水传感器

此试验为你展示晶体管如何将小电流自动放大为大得多的电流。水能导电，然而，它不是良导体，除非电压或者电流足够高（但是不能太高）。你会发现，当搭建一个这样的低电压传感电路时，如果将电通过水传播的距离减小，你就可以利用这一有利条件。

 小心！

永远不要在高压下采用水来搭建电路。这将非常危险。

电路图

水传感器试验的电路图如图 11-1 所示。

电路是如何工作的

水传感器电路由四个搭建模块构成：电源、输入、控制电路（NPN 晶体管开关），以及输出。

此电路是由三节 5 号电池供电的，这三节电池串联在一起构成 4.5V 的电源。水探头（SW1）为此电路构成了输入。NPN 晶体管开关电路是基于器件 R1 与 TRI 构成的。LED（D1）及其串联电阻（R2）构成了此电路的输出部分。

此电路非常简单，它仅包含四个器件：两

个电阻，一个晶体管和一个 LED。想象一下，当分别标注为"水探头"的两个点连接在一起时，电池正极能够通过电阻 R1 流动。如果你将电池连接到电路中，小电流将会流过电阻 R1，并且激活 NPN 晶体管 TR1 的基极连接。当这一现象发生时，晶体管将会开启，电流会流过基极，由发射极流出。它也能允许高得多的电流流过 TR1 的集电极 / 发射极结，这个电流足够大，能够启动 LED。

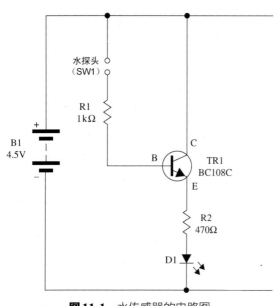

图11-1 水传感器的电路图

制作水探头

在开始搭建此试验的面包板布局之前，你需要制作一组水探头。这些水探头很容易制作，我所制作的水探头如图 11-2 所示。水探头仅仅是两条长的实心绝缘铜导线（剥去外皮，并且用胶带连接在一起）。

请按照下列步骤制作水探头

1.　剪下两条 2 英尺长的铜导线。

2.　用剥线钳在每条导线的一端剪下大约 1 英寸的绝缘层，但是不要将绝缘层完全从导线上剥离下来。你只需要去掉大部分绝缘层，但是，在每条导线的一端留下大约 0.25 英寸的绝缘层。

3.　将这两条导线平行放置，采用一些绝缘胶带或者透明胶带将两条导线捆扎在一起。现在已经制作完成了一个水探头，如图 11-2 所示，两个裸导线相距大约 1mm 的间隙。确认导线的裸露部分没有互相接触。

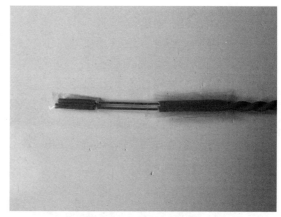

图11-2 自己制作的水探头

4.　将导线的其他部分用手缠绕在一起以固定导线。

5.　将每条导线的另一端去掉一小块绝缘层，这样，导线就能够放进面包板的孔内。

你所需要的东西

下表中列出了在这个试验中你所需要的元器件与设备。在启动此试验之前，找出并准备好这些元器件与设备。

代　码	数　量	描　述	附录代码
TR1	1	BC108C NPN 晶体管（或者任何高增益晶体管，例如一个BC267B）	9
R1	1	1kΩ 0.5W±5% 容限的碳膜电阻	–
R2	1	470Ω 0.5W±5% 容限的碳膜电阻	–
D1	1	5mm绿色LED	5
B1	1	4.5V电池盒	15
B1	3	1.5V的5号电池	–
B1	1	PP3电池夹	17
–	1	面包板	1
–	–	导线连接	–
–	2	更长的导线连接	–
–	–	透明胶带或者电工绝缘胶带	–

注意

本表中的附录代码列指的是在本试验中我所使用的特定零部件。有关这些零部件的信息列在附录中。

面包板布局

本试验的面包板布局如图11-3和图11-4所示，这两个图是以稍微不同的角度拍摄的，这样，你就能够看到器件管脚所在的位置。这个布局非常简单，只需几分钟就能够搭建好。

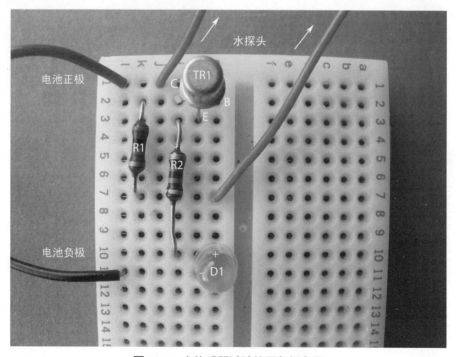

图11-3　水传感器试验的面包板布局

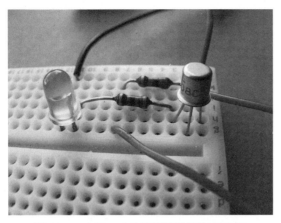

图11-4 由另一个角度看到的面包板布局

 注意

参见第3章中搭建面包板布局与故障查找指南的有关信息。

开始做实验了！

一旦已经检查了你的面包板布局，就能够将电池连接到电路中。你会发现，在这个阶段，LED（D1）没有点亮。现在，将你的手指稍微弄湿，并轻轻触摸水探头，如图11-5所示，那么，LED将会点亮。

图11-5 用你的湿手指触摸水探头

当你将湿手指放到水探头时，大约为10微安（μA）的微小电流从电池的正极一端流出，通过你的皮肤，到达晶体管的基极，并且允许大约为4毫安（mA）的更大电流流过晶体管的集电极/发射极结，这将会点亮LED。

如果LED点亮，可以将你的试验移动到厨房的水池内，稍微打开水龙头，这样，会有一小股水流入到水池内。将你自己制作的水探头放到水龙头下面，确认面包板与电池没有被水溅到。现在，让水流过探头，如图11-6所示。

图11-6 水流过探头

每次水填充到探头上的两个导线之间的间隙时，LED都会点亮。如果你将探头移入和移出水流，LED将会点亮与关闭。

进一步的试验

如果你确实很想冒险，可能想尝试采用基本的电路来创建试验型的水位传感器，它会点亮一排四个或者更多的LED来显示水容器有多满，你可以通过在一片面包板上将此电路复制四次来做这个试验，确认4个LED被放置在一排上。然后，你可能需要制作4个水探头，可以将这4个水探头连接到一片木头上，并且连接到沿着木头长度方向的不同位置上，确认 8 条水探头电缆足够长，能够使面包板远离水。然后，如果将这一水探头放置到一碗水中，你就会发现，只有接触到水的水探头才能激活其相关的 LED。水位越高，激活的 LED 就越多。

总结

你已经学到了如何采用双极型晶体管的放大特性来制作开关。这一特性，与小电流能够通过一滴水流动的事实结合在一起，说明了采用仅仅几个器件如何能够探测出水的存在并且开启 LED。这就为你展示了汽车内的水传感器是如何工作以操作风挡雨刷而不是点亮 LED 的。汽车内类似的单元需要另外的电路来激活雨刷电机以及一些可能的定时电路。

你可能会基于本章所学到的概念来搭建第 14 章中的试验电路，在第 14 章中，你将充分利用这一电路模块来搭建触摸激活报警器。

第四部分
间谍与间谍！安全试验

第 12 章

入侵者报警！设计基本报警电路

本书这一部分包含了探讨安全电路的试验。当今市场上有各种类型的安全产品，随便举几个例子，例如家庭与车辆防盗报警系统，当天色变暗时将会开启的家庭安全照明系统，以及安全键盘，它要求你按下一系列按钮以便能够进入安全门内。你将在本书的这一部分探讨所有这些安全产品，并且搭建出模拟其中一些特性的试验电路。你可以采用试验 9 作为你自己的报警项目的基础来保护你卧室内的财产，如果有人或者你的兄弟姐妹进入到你的房间，它会向你发出警告。

试验 9：设计基本报警电路

在这个试验中，你将会搭建基本的报警电路，当构成了一组接触时，它将会点亮 LED。在第 13 章，你将会学习如何将这一试验改进为产生语音报警而不是 LED 输出。

下面是基本的防盗报警系统的典型技术指标。

- 常开接触点：接触点可以连接到压力传感垫上，当有人站在上面时，它会激活。
- 输出接触点：这些接触点可以连接到语音输出设备。
- 闭锁报警：这种类型的报警一旦触发就一直保持原状态，即使当某人已经从压力传感垫上离开。
- 延时：一旦报警被触发，在一段预设置的时间之后，声音将会逐渐关闭；这一时间将会足够长，能够将窃贼吓跑，但是，这一时间不会长到令其他人讨厌。

你可以按各种不同的方法来搭建电子电路以满足这一技术指标。在本试验中，你将采用多功能的 555 定时器集成电路（IC），但是，这一次，你将会采用其第二个工作模式来搭建生成你的电路：单稳态模式。

555 定时器：单稳态模式

如果你按照顺序学习了每一章，并且搭建

了每个试验电路，那么，你肯定已经搭建了第5章的 LED 闪光灯，在这个电路中，采用了处于非稳态模式的 555 定时器。555 定时器芯片的优势在于它还具有第二个工作模式——"单稳态模式。你已经学习了非稳态电路会产生脉冲输出信号，你可以采用这一小信号将 LED 点亮或关闭。单稳态电路会产生"one-shot（只有一次）"的输出信号，它使你能够将 LED 点亮一段时间，这对于本试验是非常理想的。基本的 555 单稳态定时器电路的电路图如图 12-1 所示。

电路图显示，555 定时器的连接配置与第5章中的非稳态电路稍有不同。在这个试验里，仅有电阻 R1 与电容器 C1 用于产生定时序列，而电路的布线与非稳态电路的布线稍微不同。采用不同的公式来计算当触发（管脚 2）连接到电池的负极管脚时，输出保持为开启的时间长度：

输出时间（以秒表示）=1.1×$R1$×$C1$

因此，如果你采用了电阻值为 22kΩ 的电阻（R1）与电容值为 100μF 的电容（C2），你就能够在单稳态公式中采用这些数值：

输出时间 =1.1×22000Ω×0.0001F

=2.42 秒

这意味着，在定时器触发之后，连接到输出管脚的 LED 将点亮大约 2.5 秒。这一时间间隔的精度是由你所使用器件的精度所决定的，因此，实际上，时间间隔可能会与你的计算值之间稍微有所不同。

如何将电容器值与电阻器值转化为你能够用在公式中的数字

当采用单稳态公式时，你需要将电容器值转化为法拉第值，将电阻器值转化为欧姆值。你可以使用下列计算来帮助你执行这一操作。

电容器

● 为了将皮法（pF）转化为法拉，需将 pF 值除以 1,000,000,000,000。

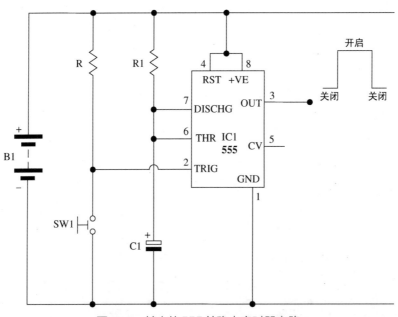

图12-1　基本的 555 单稳态定时器电路

- 为了将纳法（nF）转化为法拉，需将 nF 值除以 1,000,000,000。
- 为了将微法（μF）转化为法拉，需将 μF 值除以 1,000,000。

电阻器

- 为了将千欧（kΩ）转化为欧姆（Ω），需将 kΩ 值乘以 1000。
- 为了将兆欧（MΩ）转化为欧姆（Ω），需将 MΩ 值乘以 1,000,000。

电路图

让我们看一下如图 12-2 所示的基本报警器电路的电路图。

电路是如何工作的

电路图看起来与图 12-1 所示电路很相像，因为它是基于图 12-1 所示的 555 单稳态定时器电路。

基本电路图由四个搭建模块组成：电源、输入、控制电路（555 单稳态）与输出。此电路是由三节 5 号电池来供电的，这三节 5 号电池串联在一起生成 4.5V 的电源。通常处于开启状态的报警输入开关（SW1）与电阻（R2）构成这一电路的输入。555 单稳态电路基于 555 定时器集成电路（IC1）和电阻 R1，而电容器 C1 是此电路的控制部分。你还会注意到在管脚 5 与电池负极管脚之间连接了附加电容器（C2），它是为了使输出管脚 3 不会出现意外触发，如果没有附加电容器（C2），可能就会出现意外触发。

下面描述电路是如何工作的：当电池连接到电路上时，电阻 R2 为集成电路的触发输入（管脚 2）提供正电压，这意味着，555 定时器的输出（管脚 3）被关闭。在这种状态下，报警电路正在等待报警输入（SW1）被激活。如果发生这种现象，那么，触发管脚（管脚 2）连接到电池负极管脚，这会引起 555 定时器的单稳态定时序列启动，这是由电阻器（R1）与电容器（C1）的数值所决定的。输出连接到 LED（D1）及其串联电阻（R3）。

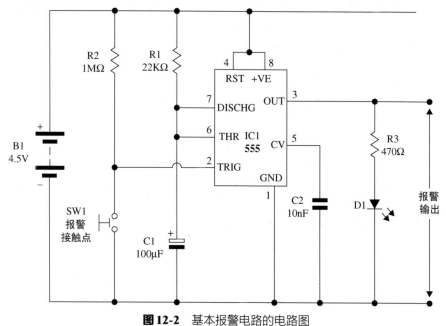

图 12-2 基本报警电路的电路图

面包板布局

本试验的面包板布局如图 12-3 所示。它还包含了器件代码，这将帮助你识别每个器件。

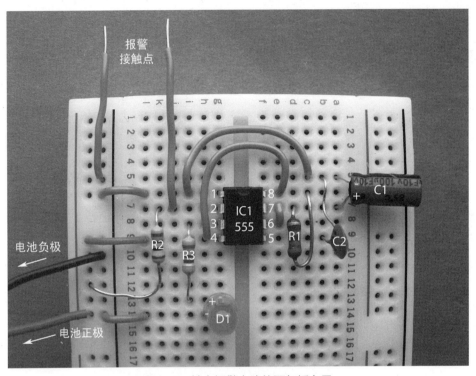

图12-3 基本报警电路的面包板布局

图 12-4 所示为从另外一个角度看到的面包板布局，这样，你就能够看到更多的管脚配置。

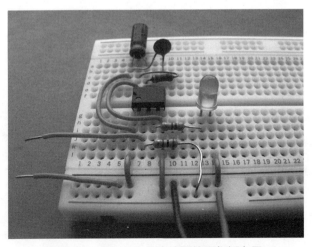

图12-4 由另一个角度拍摄的面包板布置

你所需要的东西

下表中列出了在这个试验中你所需要的器件与设备。在启动此试验之前，找出并准备好这些器件与设备。

代 码	数 量	描　述	附录代码
IC1	1	555定时器	18
R1	1	22kΩ 0.5W ±5% 容限的碳膜电阻	—
R2	1	1MΩ 0.5W ±5% 容限的碳膜电阻	—
R3	1	470kΩ 0.5W ±5% 容限的碳膜电阻	—
C1	1	100μF 电解电容（标称值最小为10V）	—
C2	1	10nF 电解电容（标称值最小为10V）	—
D1	1	5mm 绿色 LED	5
SW1	2	导线连接	—
B1	1	4.5V 电池盒	15
B1	3	1.5V 的 5 号电池	—
B1	1	PP3 电池夹	17
—	1	面包板	2
—	—	导线连接	—
—	—	各种0.5W ±5% 容限的碳膜电阻器与电容器（标称值最小为10V）	—

 注意

本表中的附录代码列指的是在本试验中我所使用的特定零部件。有关这些零部件的信息列在附录中。

开始做试验了！

一旦你已经搭建了面包板布局，那么，将电池连接到电路上。你会发现，LED 没有点亮。现在，将"报警接触点"导线的两端接触到一起一秒钟，如图 12-5 所示，那么，LED 将会点亮一段很短的时间。

如果你采用手表来为 LED 点亮的时间计时，你会发现，它会保持点亮大约 2.5 秒，如同本章前面所进行的计算，在这个时间之后，LED 会再次关闭，电路将会等待报警接触点导线再次连接在一起。如果你将两个报警接触点导线一直连接在一起，LED 将会保持点亮，

直到电池用光。

图12-5 很快地将两个报警接触点导线接触到一起

表12-1　单稳态时列表

R1	C1	LED点亮时间
22kΩ	100μF	2.4秒

试着采用不同的电阻 R1 与电容 C1 值进行试验，以便验证在触发管脚激活之后，这些数值的变化将对 LED 保持点亮的时间长度有什么影响。你可以在表 12-1 的空格中写下你进行试验所采用的器件数值以及 LED 点亮的时间长度，最上面的一行给出了本试验中所采用的器件值。还可以采用前面所给出的单稳态定时公式，不要忘了需要将电阻值转化为欧姆值，将电容值转化为法拉第值。当你采用这些器件值完成了试验时，试着找出能够产生大约 25 秒时间长度的电阻 / 电容组合，因为这将有助于你进行下一个试验。

提示！

采用电阻值在1kΩ与100kΩ之间的电阻器，以及电容值在1μF与1000μF之间的电容器进行试验。

总结

在本章中，你学习了 555 定时器芯片如何能够配置为单稳态模式以生成预定义的定时输出。你还学到了，如果改变两个器件值，可以改变 LED 点亮的时间长度。这种类型的电路功能非常多，可以在许多不同的定时电路的核心部分采用它，例如，煮鸡蛋的定时器。

把已经搭建的基本报警电路作为一个基本报警器是很好的，但是，点亮一个 LED 对于阻止盗贼还不够。你需要找到一个电路触发的合适方法，而不是仅仅将两个导线接触在一起。在下一章，你会发现如何将基本的报警电路改进为包含其他功能的电路。

第 13 章

有人进来！制作压力传感垫

本章为你展示如何对上一个试验中搭建的基本报警电路进行改进，使它工作起来更像一个正常的防盗报警系统。在开始进行这一试验之前，你应该已经阅读过第 12 章，并且搭建了试验报警电路，在此你将会采用它作为这一试验的基础。

试验10：制作压力传感垫

在试验 9 中，你搭建了一个基本的报警电路，当一组报警接触点连接在一起时，它能够将 LED 点亮 25 秒的时间。此电路采用了一个处于单稳态模式下的 555 定时器。基本报警电路的电路图如图 13-1 所示，面包板布局如图 13-2 所示。

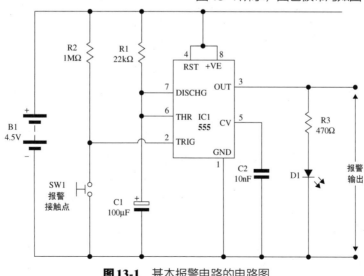

图 13-1 基本报警电路的电路图

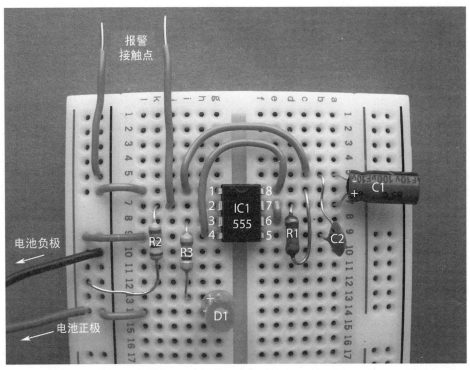

图 13-2　基本报警电路的面包板布局

其他特性

　　为了使电路更像一个实际的防盗报警系统，你需要为本试验增加以下两个特性。

- 制作一个压力传感垫，它可以连接到报警接触点上。可以放置在你卧室门的里面，这样，当有人踩上这个垫子时，报警将会被触发。（你可以从销售安全产品的商店购买一个永久的压力传感垫，但是，当你能够自己搭建一个时，买一个能有什么乐趣呢？）

- 将 LED 采用一个器件替代，当被激活时，此器件能够发出噪声。很大的噪声比仅仅一个闪烁的 LED 更有可能制止将要行窃的盗贼。

　　这两个附加的功能将会在本章中进行探讨。

你所需要的东西

　　下表中列出了在这个试验中你所需要的家用物品与器件。在启动此试验之前，找出并准备好这些器件与设备。

代　码	数　量	描　　述	附　录　代码
–	1	一块普通的垫子或者地毯	–
–	1	一块厚的硬纸板	–
–	1	铝箔（典型的家用的那种）	–
–	1	食品薄膜（厨房中使用的那种透明塑料薄膜）	

续表

代　　码	数　　量	描　　　述	附　录　代　码
–	1	双面胶的海绵胶带	26
–	1	单面的透明胶带	–
–	2	2英尺长的导线	–
–	1	6V 蜂鸣器	25
D2/D3	2	1N4003二极管	–

注意

本表中的附录代码列指的是在本试验中我所使用的特定零部件。有关这些零部件的信息列在附录中。

搭建压力传感垫

下列步骤和图表将说明如何搭建压力传感垫。

1. 剪两块大约3平方英寸 ×3平方英寸（75mm×75mm）的硬纸板。

2. 用一块铝箔将每块硬纸板紧紧包起来。

3. 将两条长导线上的绝缘层剥下来，采用透明胶带将裸导线粘到每块铝箔覆盖的硬纸板的粗糙一侧。

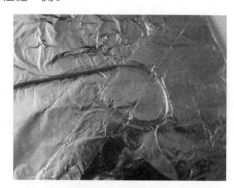

4. 剪下5段黏性的海绵胶带，并将这些胶带粘到一块铝箔覆盖的硬纸板的平滑一侧。然后，将第二层胶带粘到第一层胶带的上面使厚度加倍。

5. 将另一块铝箔覆盖的硬纸板按到胶带上，这样，两片硬纸板就被粘接在一起。现在，两片铝箔就被两层胶带互相分隔开。

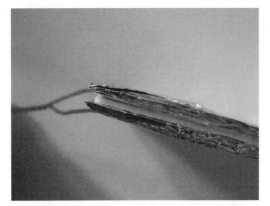

6. 将两条导线缠绕在一起，连接更加牢固，将整个组合装置用一些食品薄膜缠绕在一起，这样，这个垫子就是完全绝缘的。

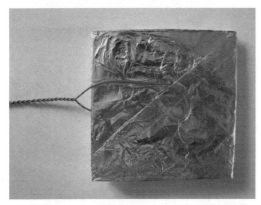

你现在已经做好了压力传感垫！你可以将它放在一块地毯或者一块垫子下面，并且将两条导线连接到设置为测量连续性的万用表上，以测试你的压力传感垫。如果你踩在垫子上，万用表应该发出"哔哔"声，表示已经构成了电子连接（如图13-3所示）。这一现象的发生是因为你的重量将两块铝箔挤压在一起，这样它们就能够互相接触。

如果你从垫子上走下来，万用表应该停止发出哔哔声，因为海绵垫会将两片铝箔推开。试着踏上垫子然后走下来，确认它能够按照预期的功能来工作。

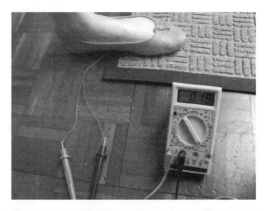

图13-3 采用万用表来测试压力传感垫是否能够工作

小心！

你所制作的压力垫只能切换非常小的电流，就像在本试验中所用到的那些电流。不要试着采用压力传感垫来直接操作蜂鸣器或者LED。

电路图

既然你已经搭建了压力传感垫，下一个阶段就是将原来的报警电路稍微改进，这样就能够采用蜂鸣器来替代LED。经过改进的电路图如图13-4所示。

电路是如何工作的

请注意，经过改进的电路图不再包含LED及其串联电阻，这些器件已经被两个二极管所代替，这两个二极管被配置为能够操作6V的蜂鸣器。如果你将这一输出配置与第8章中的指示灯电路图进行比较，你会注意到，这一电路图与驱动继电器线圈的电路图相似。555定时器能够将足够的电流切换到直接驱动一个小的蜂鸣器，需要两个二极管来正确地执行这一功能。电路的其他部分与上一个试验以相同的方式工作。当压力传感垫被激活时，它就触发报警接触点，并且驱动555单稳态电路，这一电路的输出将使蜂鸣器工作25秒。

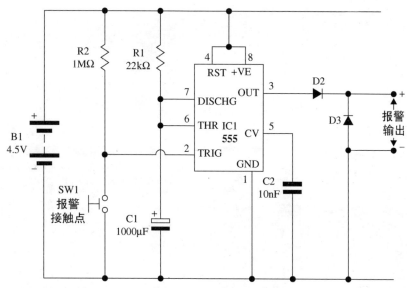

图 13-4 经过改进的报警电路的电路图，请思考此电路中电容值为 1000μF 的 C1 是如何产生 25 秒的时间间隔的

注意

只要蜂鸣器的电流标称值小于 200mA，本试验中的 555 定时器集成电路就能够直接激活蜂鸣器。555 定时器的一些型号可能仅仅切换最大至 100mA 的电流，因此，需要确认你的蜂鸣器的电流标称值小于 100mA。有经验的电子设计人员与电子发明家可能想设计能够切换更高电流的电子电路，为了这样做，他们可能决定采用继电器作为替代来切换设备（你可以在第 8 章中读到有关继电器的更多信息）。

面包板布局

经过改进的面包板布局如图 13-5 所示。注意，LED 与电阻已经被两个二极管 D2 与 D3 所替代。此时，6V 的蜂鸣器可以连接到面包板上，如图 13-5 所示。

可以插入压力传感垫的两条电缆来代替报警接触点导线。最终的试验应该看起来如图 13-6 所示。

开始做试验了！

既然电路已经完成了，你就可以试着做试验了。将电池连接到电路中，你应该发现，没有发生任何现象。你或者踏上压力传感垫，或者用你的手指按压压力传感垫，这会将蜂鸣器激活一段 25 秒的时间。

如果这个电路能够按照预期的功能工作，你就可以在你想要保护的地方建立防盗报警系统。例如，你可以将压力传感垫放在卧室内的垫子下面。当你离开房间时，将报警器打开，那么，如果有人进入你的房间并且踩上压力传感垫，他或者她会吓一大跳。蜂鸣器将会发出很大噪声，这个声音将会吓跑闯入者，它还会警告你有人曾经进入你的房间，这样，你就能够进行调查。即使闯入者从压力传感垫上走下来也不要紧，因为你所搭建的单稳态电路将会继续让蜂鸣器工作 25 秒！

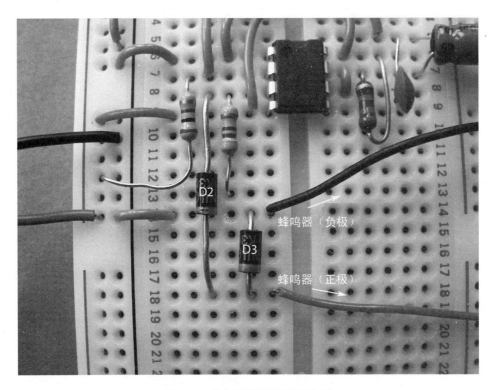

图13-5 经过改进的面包板布局

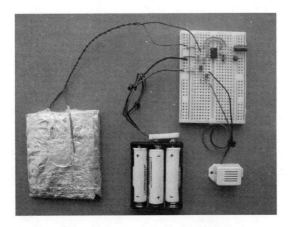

图13-6 防盗报警系统的最终布局

提示！

你可以将压力传感垫连接到一些更长的导线上，这样，面包板就能被放置得离垫子更远。

总结

在本试验中，你学到了如何利用一些常见的家用物品来搭建一个对压力敏感的防盗报警器：你可以搭建一个常开的瞬态开关。由于你制作开关所采用的材料和方法都很简单，你可能没有意识到你还制作了一个电容器。

如果阅读了第3章，你就知道，一个电容器基本上是被绝缘材料所分隔开的两个金属板。想象一下压力传感垫：你采用被海绵胶带所分隔开的两个铝板，这将会产生一个空气间隙，它被当做一个绝缘体。图13-7所示为一个压力传感垫，它连接到万用表的电容器接头上。读数显示，压力传感垫具有大约45pF电容，这是一个非常低的电容值。

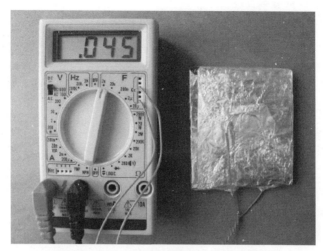

图 13-7　你的压力垫还具有一个电容标称值

第 14 章

小心你触摸的东西! 搭建触摸激活报警器

在试验 10 中,你学到了如何制作压力传感垫并且将它连接到报警电路上,当有人站在垫子上时,此电路将会触发。但是,如果狡猾的盗贼或者小偷试图绕过你的压力传感垫而没有使报警器开启,而是以你的私人收藏为目标,例如你的杂志等,会出现什么情况? 你需要找到另一种安全方法在盗贼实施过程中来阻止他。

这一试验为你展示如何制作一个由于狡猾的窃贼触摸某一物体而触发的报警电路。安装在一个专用保险箱内的触摸激活的报警器如图 14-1 所示。

图 14-1 触摸激活的保险箱

 试验 11： 搭建触摸激活报警器

本试验电路为你展示如何将不同的电路模块放在一起而构成一个稍微复杂一些的电路设计。随着对电子电路如何工作了解得越多,你会发现将电路组合在一起很容易。很快你就会成为一个专业的发明家!

电路图

触摸激活报警器的电路图如图 14-2 所示。

电路是如何工作的

将图 14-2 所示的电路图与第 13 章中的压力传感垫的报警电路图进行比较。它们看起来非常相似。现在,看一下第 11 章中水传感器试验的电路图,你会看到这个电路也被嵌套在本试验的电路图中。

触摸激活报警器电路是由四个搭建模块组成的:电源、输入、控制电路（555 单稳态）与输出。这一电路是由三节 1.5V 的 5 号电池来供电的,这三节 5 号电池并联在一

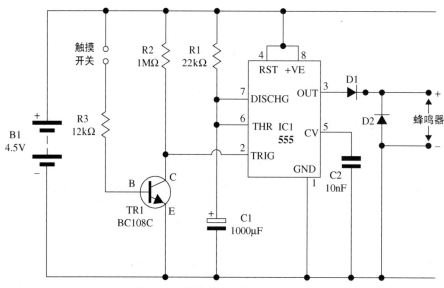

图 14-2 触摸激活报警器的电路图

起，以生成 4.5V 的电源。触摸开关接触点、晶体管 TR1 与电阻 R2 与 R3 构成了这一电路的输入部分。晶体管在本电路中作为一个放大器。555 单稳态电路基于 555 定时器集成电路（IC1）、电阻器 R1 以及电容器 C1，这是电路的控制部分。电容器 C2 连接在管脚 5 与电池负极之间，这将会阻止输出管脚 3 出现意外触发，如果没有 C2，意外触发可能会发生。两个二极管 D1 与 D2 以及 6V 蜂鸣器构成此电路的输出部分。

你应该熟悉了这一电路的工作方式。此电路的报警器部分是一个 555 单稳态定时器电路，当它触发时，它将 6V 的蜂鸣器激活大约 25 秒。这一定时时间间隔是由电阻 R1 与电容器 C1 的数值来设置的（你在第 12 章中已经阅读了有关单稳态定时时间间隔的信息）。

为了激活 555 单稳态定时器，触发管脚（管脚 2）需要连接到电池的负极。在这一电路中，电阻 R2 确保管脚 2 连接到正确的极，这就意味着 555 定时器不进行触发，直到需要它这样做时才进行触发。

请记住，我们试图制作一个单稳态电路，它仅采用触摸来进行触发，因此，你需要包括一些附加电路来完成这样的功能。这就是为什么需要晶体管（TR1）及其基极电阻（R3）。回忆一下第 11 章中的水传感器，哪种类型的电路对于水很敏感，能够引起晶体管开启。而这个电路并不敏感，当你触摸接触点时，并不足以将 LED 点亮，但是，当你触摸接触点时，它确实能够允许小电流流过晶体管。在我们此处将要搭建的电路中，触摸接触点使足够的电流流过晶体管的基极，将晶体管稍微开启，它反过来允许电流流过 TR1 的集电极与发射极之间。这一晶体管开关使电池的负极能够到达 555 定时器的管脚 2，并且因为 555 定时器的触发管脚非常敏感，这一短脉冲足以激活 555 定时器并且使得蜂鸣器发出声音。

555 定时器的集成电路（IC）足够强大，你无需采用另一个晶体管放大器来驱动它，它就足以激活蜂鸣器，但是，你确实需要在电路中采用两个二极管（D1 与 D2）来使蜂鸣器正常工作。D1 确保来自输出管脚 3 的正信号能够到达蜂鸣器。D2 是续流二极管，它使得回扫信号（或者说反向的电动势 EMF 信号）不能到达 555 定时器的管脚 3。

注意

你在第 3 章中曾经读到过续流二极管与回扫信号。

面包板布局

本试验的面包板布局照片如图 14-3 所示，它还显示了每个器件在零部件清单列表中的代码。

注意

参见第 3 章中有关搭建面包板布局与故障查找指南的相关信息。

你所需要的东西

下表中列出了在这个试验中你所需要的器件与设备。在启动此试验之前，找出并准备好这些器件与设备。

代码	数量	描述	附录代码
IC1	1	555 定时器集成电路 IC	18
R1	1	22 kΩ 0.5W ±5% 容限的碳膜电阻	–
R2	1	1 MΩ 0.5W ±5% 容限的碳膜电阻	–
R3	1	12 kΩ 0.5W ±5% 容限的碳膜电阻	–
C1	1	1000 μF 电解电容（标称值最小为 10V）	–
C2	1	10 nF 电解电容（标称值最小为 10V）	–
D1, D2	2	1N4003 二极管	–
TR1	1	BC108C NPN 晶体管	9
SW1	2	导线连接	–
B1	1	4.5V 电池盒	15
B1	3	1.5V 的 5 号电池	–
B1	1	PP3 电池夹	17
–	1	6V 蜂鸣器*	25
–	1	面包板	2
–	1	VHS 录像带盒子（或者合适的塑料盒子）	–
–	1	铝箔	–
–	1	导线连接	–
–	1	双面胶海绵胶带	26

*确认蜂鸣器的电流标称值小于 100 mA（参见第 13 章中有关 555 定时器集成电路 IC 电流性能的"注意"。）

注意

本表中的附录代码列指的是在本试验中我所使用的特定零部件。有关这些零部件的信息列在附录中。

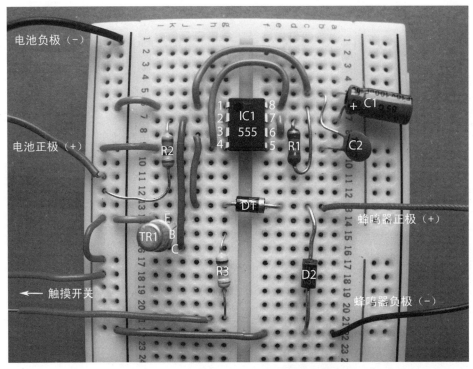

电池负极（−）

电池正极（+）

R2

IC1 555

R1

+ C1

C2

D1

TR1

E
B
C

蜂鸣器正极（+）

R3

D2

触摸开关

蜂鸣器负极（−）

图14-3 触摸激活报警器的面包板布局

图14-4与图14-5所示为从不同角度所看到的面包板布局，这样能提供更加详细的视图，这将有助于你看到器件是如何匹配到面包板上的。

图14-4 晶体管周围布线的近景图

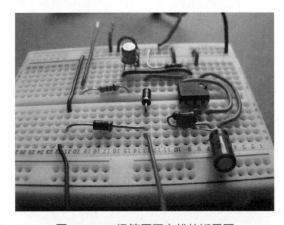

图14-5 二极管周围布线的近景图

一旦电路搭建好，你就可以对它进行试验。将电池连接到电路中，然后，用你的指尖触摸那两条触摸开关导线。你会发现蜂鸣器能发出持续25秒的声音。如果发生了这种现象，就表示你已经搭建好了一个触摸激活的保险箱！

开始做试验了！

我采用空的 VHS 录像带盒子制作了"保险箱"。你可能太年轻了，不记得 VHS 录像带，但是，在 DVD 发明出来之前，你的妈妈和爸爸过去曾经观看过录像带上的电影！录像带的塑料盒子使你能够插入一片纸，这片纸上印有你自己的设计，如图 14-1 所示。你可能需要请求你的父母为你找到一个录像带盒子，或者你可以采用任何足够大的塑料盒子，它里面需要能够容纳面包板、一节电池以及你的日记（或者 iPad，或者任何你想要安全保存的物品）。

首先，你需要采用一些铝箔与双面胶来制作两个触摸传感的板子。下列步骤与图示为你展示如何制作保险箱。

1. 将 12 英寸长的互连导线上的绝缘层去掉，并且将它粘到一片双面胶上，如下图所示。

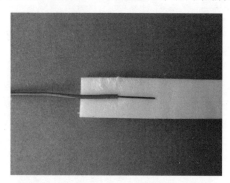

2. 将胶带连接到一片铝箔上，这样，导线就接触到铝箔，它被夹在铝箔与胶带之间，如下图所示。

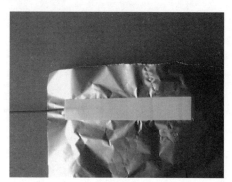

3. 用剪刀将铝箔和胶带按照合适的尺寸裁剪好，这样，铝箔的宽度就会与胶带相匹配。你需要制作两块触摸传感板，因此，你需要重复第 1 步与第 2 步来制作第二块触摸传感板。

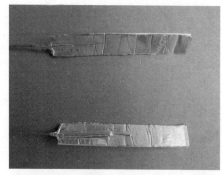

4. 将铝箔条粘到 VHS 录像带盒子的外面（每个铝箔条粘到盒子的一个面上，这样，如果有人拿起这个盒子，他们将会触摸到这两面上的铝箔条）。

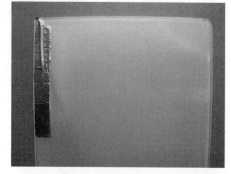

5. 用双面胶带将面包板与电池盒固定在盒子里面，确认盒子里面有足够的空间来隐藏你的日记或者其他财产。

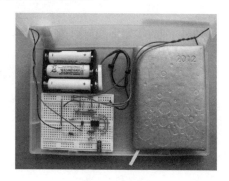

6.将蜂鸣器固定在盒子的里面或者外面。我选择固定在外面，因为这样蜂鸣器的声音更大。

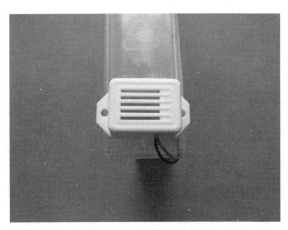

一旦你已经搭建好了保险箱，就对它进行试验，看一看它是否能够工作。将电池连接到电路中，然后，将盒子关闭，日记就放在盒子里，试着不要触摸铝箔条。下面，看一下你是否能够打开盒子而不会将蜂鸣器开启。你将会发现很难这样做，因为你需要触摸铝箔条才能打开盒子，而每次你试着打开盒子，蜂鸣器都会发出大约25秒噪声。这足以吓跑任何窃贼，同时警告你有人正在试图窃走你的物品。

 注意

这个电路非常敏感，有时即使当你仅仅触摸了一片连接到电阻R3的铝箔时，报警器也会触发。

总结

在本试验中，你学习了可以通过将几个电子电路连接在一起来搭建电子电路。这是搭建复杂电子电路的秘诀。

第 15 章

你永远也进不来！搭建电子安全键盘

许多安全门都具有安全键盘，它通常具有许多按钮，你可以按下这些按钮以激活密码来打开门。这就阻止了小偷与窃贼进入到他们不许进入的地方。本试验为你显示一种搭建键盘的方法，这个键盘有 8 个按钮开关，必须以某种方式按下这些按钮才能点亮 LED。本试验的布局如图 15-1 所示。

 ## 试验 12：搭建电子安全键盘

本试验告诉你如何能够将 8 个简单的按钮连接在一起来搭建安全键盘。它还讲述了两个重要的逻辑门原理。

 ## 有趣的事实

逻辑门是一种电子电路，它是许多数字集成电路（IC）的搭建模块。逻辑门是单个电路，其基本的结构包含两个输入与一个输出，这些逻辑门的输出打开或者关闭的方式取决于所采用逻辑门的类型以及连接到输入端的信号类型。集成电路中的逻辑门有时是采用许多微型晶体管、二极管与电阻构成的。这类集成电路系列被称为 TTL，它的意思是晶体管，即晶体管逻辑电路（Transistor-Transistor Logic）。

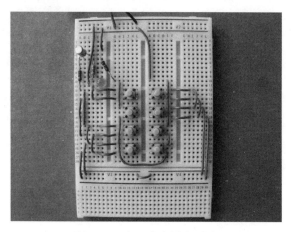

图 15-1 电子安全键盘试验

电路图

安全键盘电路的电路图如图 15-2 所示。

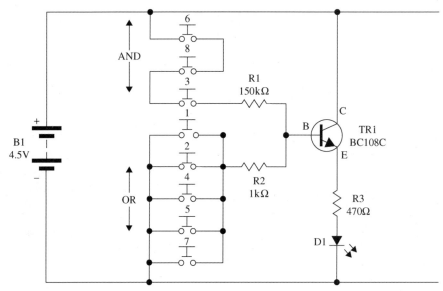

图15-2　电子安全键盘的电路图

这一电路非常简单；它仅仅包含 5 个电子器件与 8 个按钮开关。

电路是如何工作的

安全键盘电路是由四个搭建模块组成的：电源、输入、控制电路（NPN 晶体管开关）以及输出。这一电路是由三节 1.5V 的 5 号电池来供电的，这三节电池串联在一起构成 4.5V 电源。8 个常开的按钮开关（SW1-SW8）构成了此电路的输入部分。晶体管开关电路基于器件 R1、R2 与 TR1。LED（D1）及其串联电阻（R3）构成了此电路的输出部分。

在解释控制电路之前，仔细查看一下这 8 个开关连接在一起的方式。你会注意到，开关 3、6 和 8 是串联的，这意味着，为了使电池的正极到达电阻 R1，所有这些开关都必须同时按下去。这种类型的结构称为"与（AND）"逻辑电路，因为开关 3 "与（AND）"开关 6 "与（AND）"开关 8 都必须同时按下以便使电路工作。随着你学习更多的电子知识，你会发现"与（AND）"电路广泛用于计算机与数字电路（你会在总结中了解更多有关它

的信息。）

有趣的事实

逻辑门工作的方式可以以表格的形式来表示，这个表格称为真值表。真值表显示输入连接打开或者关闭的各种方式，以及它是如何影响输出的。数字电路仅具有两种可能的电路状态，或者为开（on）（由二进制数字 1 来表示），或者为关（off）（由二进制数字 0 来表示），这就是为什么数字电路在其核心部分采用二进制数字。二进制数字与十进制数字不同，因为二进制数字仅包含数字 0 与 1，而不是数字 0 到 9。

表15-1　双开关电路的"与（AND）"逻辑

SW1	SW2	输出
关（0）	关（0）	关（0）
关（0）	开（1）	关（0）
开（1）	关（0）	关（0）
开（1）	开（1）	开（1）

带有两个开关的"与（AND）"逻辑门电路的真值表如表 15-1 所示。真值表显示出输出开关处于开状态的唯一时间是当开关 1"与（AND）"开关 2 都打开时，每个状态的二进制数也在括号中表示出来。

你将会遇到两种类型的"与（AND）"逻辑门的电路符号，这两种符号表示如下。

每个符号左侧的两条直线代表两个输入，右侧的一条直线代表输出。

看一下如图 15-2 所示的开关 1、2、4、5 和 7，你会注意到，这些开关与其他三个开关的连接方式不同。这些开关是并联的，这意味着为了使电池的负极到达电阻 R2，可以按下任何开关。这种类型的配置称为"或（OR）"逻辑电路，因为必须按下开关 1 或者开关 2 或者开关 4 或者开关 5 或者开关 7，电路才能正常工作。

仅带有两个按钮开关的"或（OR）"电路的逻辑表如表 15-2 所示。

表15-2 双开关电路的"或（OR）"逻辑

SW1	SW2	输出
关（0）	关（0）	关（0）
关（0）	开（1）	开（1）
开（1）	关（0）	开（1）
开（1）	开（1）	开（1）

真值表显示，无论何时开关 1 或（OR）开关 2 打开，输出开关都会打开，每个状态的二进制数也在括号中表示出来。

你将会遇到两种类型的"或（OR）"逻辑门的电路符号，这两种符号表示如下。

再一次说明，每个符号左侧的两条直线代表两个输入，右侧的一条直线代表输出。

既然你已经了解了开关配置是如何工作的，那么，让我们来看一下控制电路。

下面描述此电路是如何工作的：必须同时按下开关 3、6 与 8，以便允许电池的正极能够通过电阻 R1，驱动 NPN 晶体管的基极，并且点亮 LED（D1）。这是操作安全键盘的秘诀。

这个电路本身构成了一个非常安全的键盘，我们将此电路搭建起来，使得它更加安全，然而，如果有人在按下其他三个开关的同时按下了另一个开关，就构成了通向电路负极的一个电路路径，而这将阻止正极信号到达晶体管的基极，因此，LED 不能点亮。这一电路配置构成了一个非常安全的键盘，当你搭建试验时，很快就会看到这一特性。

很重要的一点是，电阻器 R1 应具有高阻抗，因为当在键盘上按下密码以及任何其他按键时，电池电压将会通过这两个电阻，构成短路。如果电阻具有低阻抗，那么，在这种状态下，通过电阻的电流更高，这可能会引起电阻过热。

你所需要的东西

下表中列出了在这个试验中你所需要的器件与设备。在启动此试验之前，找出并准备好这些器件与设备。

代码	数量	描述	附录代码
TR1	1	BC108C NPN型晶体管（或者任何高增益的晶体管，例如BC267B）	9
R1	1	150 kΩ 0.5W ±5% 容限的碳膜电阻	–
R2	1	1 kΩ 0.5W ±5% 容限的碳膜电阻	–
R3	1	4700 Ω 0.5W ±5% 容限的碳膜电阻	–
D1	1	5mm 绿色空格LED	5
SW1-SW8	8	6mm×6mm按键开关，用于制作常开关（可安装在印刷电路板上的那种类型）	24
B1	1	4.5V电池盒	15
B1	3	1.5V的5号电池	–
B1	1	PP3电池夹	17
–	1	面包板	3
–	–	导线连接	–

 注意

本表中的附录代码列指的是在本试验中我所使用的特定零部件。有关这些零部件的信息列在附录中。

面包板布局

安全键盘试验的面包板布局如图15-3所示。

这个面包板可能看起来有些复杂，因为它包含了很多导线连接。当搭建这个试验时要小心，要仔细检查以确认你的布线与图中所显示的布局相匹配。参见图 15-4 与图 15-5 中的近景照片，此照片显示了有关布线的更加详细的信息。

开始做试验了！

一旦你已经搭建好了面包板布局，那么，将电池连接到电路中，你应该发现 LED 没有被点亮。现在，同时按下按钮 3、6 和 8，如图 15-6 所示。一直按住这些按钮，LED 将点亮。这就是激活 LED 的秘诀。例如，在实际的安全应用中，它可能是激活继电器来打开一个门。

这是激活 LED 唯一的一个按钮序列。现在，试着从这三个键上拿开一个或两个手指，LED 则不再点亮。这个状态的发生是因为这些按钮是串联连接以构成一个"与（AND）"门的，如前面所述，这就意味着，必须同时按下所有这三个按钮来完成这一电路。

再次按下这三个按钮以点亮 LED，然后，同时按下任何其他按钮。LED 将会关闭，因为这五个开关是并联连接以构成一个"或（OR）"门的，如本章的前面所述。

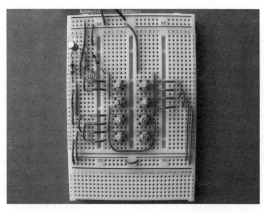

图15-3　安全键盘试验的面包板布局

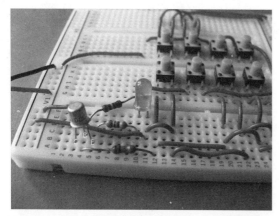

图15-4 晶体管周围布线的近景图，注意晶体管与LED的连接

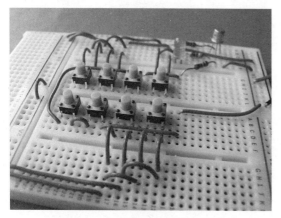

图15-5 开关周围布线的近景图

你已经搭建了一个秘密的键盘，它不容易被破解，除非你知道需要按下哪三个按钮。即使你开始按下随机按钮，也很难找出密码来点亮LED。将此电路让你的朋友试一下，看看他们是否能破解密码。你不需要告诉他们，他们必须同时按下三个按钮，只请他们看看能否按照某种方式按下按钮来使得LED点亮超过3秒的时间。他们可能最终会发现密码，但是他们可能需要花费一些时间来找出密码。

你可能还想改变开关布线使密码工作于不同的按钮选择。如果你了解电子电路，我将器件放在一起的面包板布局使你很容易找出按钮的布线，因此，你可能想采用更长的互连导线使布线看起来不那么整洁，并且很难找出密码。

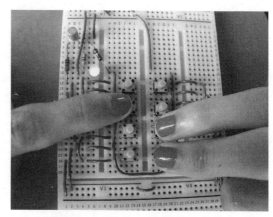

图15-6 按下秘密按钮来激活LED

总结

在本试验中，你学到了两种类型的逻辑电路是如何工作的，以及如何将这两种逻辑电路搭建为一个有趣的电路。在电子电路中，使用六种主要的逻辑门：AND（与）、OR（或）、NOT（非）、NAND（与非）、NOR（或非）与XOR（异或）。本书中不讨论NOT（非）、NAND（与非）、NOR（或非）与XOR（异或）逻辑门，但是，你可以在互联网上搜索这些逻辑门，并且探讨这些逻辑门与本章所讨论的这两个逻辑门有什么不同。逻辑门在数字电路中非常重要，例如，你家里的PC机里面一些复杂的集成电路中就会包含逻辑电路。

第 16 章

让它发光！搭建阅读灯，当天变黑时它会点亮

在你家外面可能有一个安全照明灯，当天变黑时，它会自动打开。这种类型的灯具有两个主要目的：一是为你的房子外面提供照明，使房子在夜里更安全；二是你不必记得它是开启与关闭的（因为它是自动的）。在这个试验中，如图 16-1 所示，你将会学习如何制作像这种安全灯一样工作的电路。它可以作为一个小的阅读灯，当天变黑时，它会自动开启。

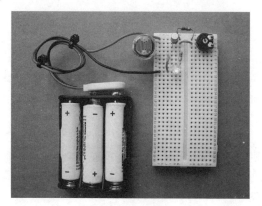

图16-1 阅读灯

在本试验中，你将会学习两种新器件——光敏电阻（LDR）和高亮度 LED。在你开始搭建这一试验之前，可以采用光敏电阻来理解它是如何工作的。后面将详细讨论高亮度LED。

采用光敏电阻的试验

将光的电阻看作眼睛中心的瞳孔（黑色的圆孔）。在镜子中看一下你的眼睛，如果你在一个明亮的房间里，你会注意到你眼睛的瞳孔会缩小以保护你的眼睛不会受到明亮光线的伤害。另一方面，如果你在暗的地方待一会，你的瞳孔会变大，使得更多的光线进入到你的眼睛，这样，你就能够在暗处看得更清楚。

你的眼睛和光敏电阻（LDR）之间的差异在于 LDR 的电阻值会随着光电平由亮转为暗而发生变化。LDR 对于本试验是理想的器件，因为它对于光电平变化的反应确实很好。

在开始主要试验之前，你可以使用万用表来了解光电平的改变是如何影响 LDR 的电阻值的。

你所需要的东西

下表中列出了在这个试验中你所需要的器件与设备。在启动此试验之前，找出并准备好这些器件与设备。

数量	描述	附录代码
1	光敏电阻（NORPS-12）	12
2	导线连接	–
1	面包板	1
–	万用表	–

注意

本表中的附录代码列指的是在本试验中我所使用的特定零部件。有关这些零部件的信息列在附录中。

采用万用表来测量 LDR

将 LDR 插入到一块面包板上，将万用表的探头连接到导线上，如图 16-2 所示。

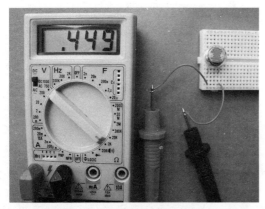

图16-2 将LDR连接到你的万用表上

将万用表切换到读取电阻。如果你的万用表不具备自动量程功能，那么将电阻值设置为读取 kΩ 量程，可以按照你的试验来调节电阻设置，这样，在你用不同的光电平进行试验时，你就得到了更加精确的电阻读数。

提示！

采用哪个方向来连接万用表探头都没有关系，因为无论你采用哪个方向进行连接，电阻是相同的（试一下看看）。

如果你处在一个靠近窗户或者光源相当明亮的屋子里，你会发现 LDR 的电阻值大约是 500Ω，如图 16-2 所示。现在，慢慢在 LDR 上方挥动你的手，万用表上的电阻值将会改变。

你还可以采用各种光电平来进行试验，将手电光照到 LDR 上或者通过将 LDR 移动到房间中较暗的区域。采用表 16-1 来记录你在试验中所测量的电阻值，然后，思考一下结果。LDR 的电阻值是如何对应光电平的？例如，当光电平增加时，电阻值会增加还是减少？

表16-1　在此表中记录LDR电阻值

加到LDR上的光电平	LDR电阻值（Ω）
靠近窗户或者日光	466Ω
由日光所照射屋子的中央	
手覆盖到LDR上	
LDR由手电筒照亮	
LDR在外面的正常日光下	
LDR由一块纸板所覆盖	
LDR处于一个黑屋子里	

试验13：搭建阅读灯，当天变黑时它会点亮

在这个试验中，你将会采用一个 5mm 的白色 LED，它比你迄今为止所见到的 LED 具有亮得多的光输出。事实上，这种 LED 特别适合于本试验，因为其光输出可与一个小的手电筒灯泡相比，它在黑暗中能够提供良好的光电平。由于这些年来 LED 技术的提高，现在的许多手电筒都采用 LED 而不是灯泡（也被称为白炽灯）

注意

其他电子器件的详细信息在第3章中详细描述。

电路图

阅读灯的电路图如图 16-3 所示。如果你已经完成了第 9 章中的试验，并且搭建了温度传感器电路，那么，你就会意识到，此电路也采用了一个分压器电路。

电路是如何工作的

阅读灯电路是由四个搭建模块组成的：电源、输入、控制电路与输出。这一电路是由

三节 1.5V 的 5 号电池供电的，这三节电池串联在一起以产生 4.5V 的电源。光敏电阻（LDR1）是此电路的输入器件。可变电阻器（VR1）与固定电阻器（R1），以及来自可变电阻器、馈入到晶体管（TR1）中的信号，构成了此电路的控制部分。高亮度白色 LED（D1）及其串联电阻（R2）是本电路的输出部分。

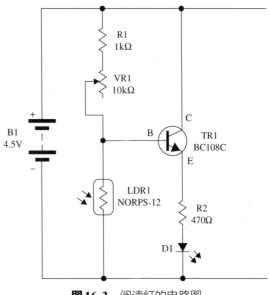

图16-3　阅读灯的电路图

此电路与第 9 章中的温度传感器电路的工作原理相同，事实上，如果看一下第 9 章中的温度传感器的电路图，你就能够看到它们看起来很相似。LDR1 以及电阻网络 R1 与 VR1 构成了一个分压器电路，此电路的输出电压馈入到晶体管（TR1）的基极。电阻 VR1 与 LDR 的电阻值对于到达晶体管基极的电压数值有一定影响。当晶体管的基极电压增加时，它会将此晶体管开启，然后使电流能够流过其集电极 / 发射极结。反过来它又会开启白色 LED。当光电平照射到 LDR 上时，分压器电路的配置使晶体管的基极开启。可变电阻（VR1）作为一个灵敏度控制，这样，你就能够调节 LED 点亮的触发点。

你所需要的东西

下表中列出了在这个试验中你所需要的器件与设备。在启动此试验之前，找出并准备好这些器件与设备。

代码	数量	描述	附录代码
LDR1	1	光敏电阻（NORPS-12）	12
R1	1	1 kΩ 0.5W ±5% 容限的碳膜电阻	-
R2	1	470Ω 0.5W ±5% 容限的碳膜电阻	-
VR1	1	10 kΩ 0.2W ±5% 容限的碳膜电阻	-
D1	1	5mm 高亮度白色LED（6000 mcd）	7
TR1	1	BC108C NPN 晶体管	9
B1	1	4.5V电池盒	15
B1	3	1.5V的5号电池	-
B1	1	PP3电池夹	17
-	1	面包板	1
	-	导线连接	-

 注意

本表中的附录代码列指的是在本试验中我所使用的特定零部件。有关这些零部件的信息列在附录中。

如果你已经搭建了本章开头采用LDR的试验，那么，你就会意识到LDR的电阻值随着光电平的减小而增加，相反，随着光电平的增加而减小，当光电平改变时，这一变化的电阻值会引起LED开启与关闭。

面包板布局

阅读灯试验的面包板布局如图16-4所示，它还标出了器件代码，以便帮助你识别每个器件。当插入晶体管（TR1）时请小心，确认管脚是以正确的方式进行连接的。同时，还要确认LED正确插入，以便LED内部的大电极（阴极）连接到电池的负（-）极。

 提示！

第3章为你展示了如何识别本试验中所用到的各种器件的管脚输出。

图16-5显示了本试验的一个近景图，为你提供一个更好的视角，以便观测器件的一些管脚连接。

一旦你已经搭建了面包板布局，那么就开始做试验吧！

图 16-4　阅读灯试验的面包板布局

图 16-5　LDR 与可变电阻器周围布线的近景图

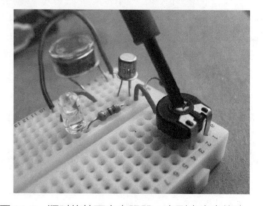

图 16-6　顺时旋转可变电阻器，直到它完全停止

开始做试验了！

首先，确认你在一个具有良好照明的房间中工作。在将电池连接到电路中之前，你需要采用一个小螺丝刀将可变电阻器的螺钉按顺时针旋转直到它停止为止，以便调节电路的灵敏度设置，如图 16-6 所示。

现在，将电池接到电路中，LED 会关闭或者稍微点亮。如果 LED 被点亮，那么采用螺丝刀来逆时针慢慢转动可变电阻器，直到 LED 关闭为止。如果 LED 是关闭的，那么，你此时无需调节可变电阻器。

慢慢将你的手移动到 LDR 上面，这样它就能够形成一片阴影，LED 将点亮。LDR 周围的区域越暗，LED 就变得越明亮。试着采用一个纸板来覆盖 LED 以便激活 LED。

提示！

如果 LED 在最弱的阴影下能够开启，那么，试着将可变电阻器逆时针稍微再调节一点，以便电路变得没有那么灵敏。

将可变电阻器螺钉调节到各种位置进行试验，以便验证这会对电路的灵敏度产生什么影响。你会找到一个"最佳位置"，此处 LED 会一直关闭直到其周围变得非常暗时才开启。

注意

我的传感器的"最佳位置"是当可变电阻器螺钉被设置为大约中间位置时，根据器件的容差不同，你可能会发现你的电路"最佳位置"会稍有不同。

一旦你已经对设置很满意，那么将面包板拿入一间黑屋子中，并将灯打开，LED 会在黑暗中点亮，当灯打开时，LED 会关闭。现在，将灯关闭，这样，房间再次变暗时，LED 几乎立即就会点亮。

你现在已经搭建了一个电路，当周围变暗时，它会点亮一个 LED。你可能会为这一电路开发出许多种不同的应用，例如，它可以用作你卧室中的阅读灯，当天变黑时，它会自动点亮。

总结

在本章中，你学习了如何采用 LDR 来搭建分压器电路，此电路能够提供一个可变的电压输出，这取决于照射在它上面的环境光的数量。你还学到了超亮的 LED 灯可以作为一个小的阅读灯。

有趣的事实

你可能注意到，本试验中晶体管的操作以及第 9 章中的温度传感器会引起 LED 逐渐开启与关闭。而有时你可能想要生成一个电路设计，它具有"完全的"开关操作，这样，LED 将会开启与关闭而不是慢慢消失，就像当你将灯打开与关闭一样。你可以采用一个施密特触发器（Schmitt trigger）电路来获得这一功能，施密特触发器电路能够产生所需要的功能。本书不采用施密特触发器电路来进行试验，但是，随着你的电子学知识的增长，你可能会发现搭建这种类型的电路很有趣。

第五部分
电子游戏试验

第17章

挑选一个号码！搭建随机数字发生器

游戏是我们日常生活的一部分，无论这些游戏是简单的棋盘游戏，更复杂的手持式电子游戏，或者需要使用操纵杆的游戏。我们喜欢玩游戏，因为游戏可以令人兴奋，它能帮助我们消磨时光。我确信有很多时候你都全神贯注于玩游戏而忘记了时间——不知不觉中，几个小时已经过去了。本书的这一部分包含的试验使你能够探索如何使用各种电子搭建模块来生成你自己的电子游戏电路。

我们将由一个试验开始，这个试验搭建一个随机数字发生器，就像一个电子骰子。这个试验为你介绍一些新的电子器件，并且为你展示如何搭建一个电子随机数字发生器，它能够生成 0 到 9 之间的一个随机数字。

试验14：搭建随机数字发生器

如果你曾经玩过棋盘游戏，你会注意到它们通常需要至少一个骰子（或者两个骰子），

如图 17-1 中所显示的那样。

图17-1　一个简单的骰子

一个骰子有 6 个面，包含许多点代表数字 1 到 6。为了使用一个骰子，你通常将它扔到桌面上，而落到顶端的数字会告诉你在游戏中移动空格的数量。

这个试验分为两部分：第一部分为你介绍一个新的 LED 器件（一个七段显示屏）；第二部分为你显示如何搭建随机数字发生器。

小心！

此试验将 LED 点亮与关闭。如果你患有癫痫症或者对手电光敏感，那么，这个试验不适合你。

采用七段 LED 显示屏进行的试验

对于这个试验，你将会采用一个 LED 显示屏，它能够显示 0 到 9 之间的数字。这种类型的 LED 称为七段显示屏，如图 17-2 所示（这一显示屏包含 7 个单独的 LED 部分，配置为显示数字 8，加上一个额外的 LED 表示小数点，这意味着这个显示屏实际上包含 8 个 LED！然而，在本试验中，你可以忽略小数点，主要关注 7 个主要的 LED 部分）。这一显示屏可能看起来很熟悉，因为许多不同的家用电器应用中都采用类似的显示屏，例如，微波炉上的定时器，以及 DVD 播放器上的显示屏。

每个 LED 都可以单独点亮，而点亮的 LED 组合将会决定显示哪个数字。每个 LED 部分由字母 A 到 G 来表示，这些没有显示在七段显示屏上，但是通常显示在电路图与生产厂商的技术说明中。

表 17-1 显示了哪个 LED 必须开启以便产生数字 0 到 9。它就像一个密码，每个数字具有它自己专门的组合。例如，如果你要在显示屏上显示数字 3，那么，LED 需要点亮 A、B、C、D 与 G。注意，为了生成数字 8，所有 LED 段都要点亮。

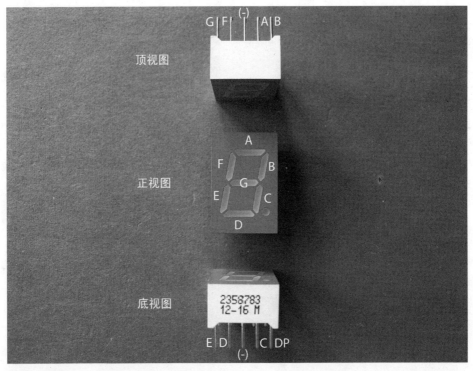

图 17-2 用于本试验中的七段 LED 显示屏包括器件顶部和底部的管脚连接（注意，如果你在试验中采用了与此不同的七段显示屏，管脚输出可能不同。）

表17-1　在七段显示屏中数字是如何产生的

所显示的数字	A	B	C	D	E	F	G
0	开	开	开	开	开	开	关
1	关	开	开	关	关	关	关
2	开	开	关	开	开	关	开
3	开	开	开	开	关	关	开
4	关	开	开	关	关	开	开
5	开	关	开	开	关	开	开
6	开	关	开	开	开	开	开
7	开	开	开	关	关	关	关
8	开	开	开	开	开	开	开
9	开	开	开	开	关	开	开

你在本试验中使用的七段显示屏的类型是个共阴极（Common cathode - CC）型的，这意味着，每个LED的所有阴极引线（负极接头）都连接在一起，就像本试验的电路图（图17-3）所示的那样。

注意

还可以采用另一种类型的七段LED显示屏，它称为共阳极（Common anode）型。你可以想象一下在这种类型的显示屏中，每个LED段是如何连接在一起的。

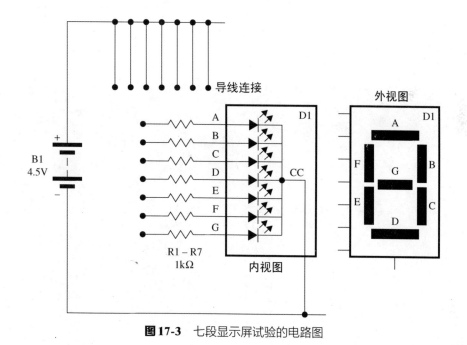

图17-3　七段显示屏试验的电路图

你所需要的东西

下表中列出了在这个试验中你所需要的器件与设备。在启动此试验之前，找出并准备好这些器件与设备。

代　　码	数　　量	描　　述	附录代码
D1	1	七段CC（共阴极）显示屏（红色）	8
R1-R7	7	1kΩ 0.5W ±5% 容限的碳膜电阻	–
B1	1	4.5V电池盒	15
B1	3	1.5V的5号电池	–
B1	1	PP3电池夹	17
–	1	面包板	1
–	–	导线连接	–

注意

本表中的附录代码列指的是在本试验中我所使用的特定零部件。有关这些零部件的信息列在附录中。

你可以采用 7 个单独的 1kΩ 电阻与一块面包板对 CC（共阴极）显示屏进行试验，如图 17-4 所示。在图中，我采用了 5 条连接导线将各个电阻连接到电池的正极以便在显示屏上生成数字 3。你可以看到，这 5 条导线连接到 A、B、G、C 和 D。

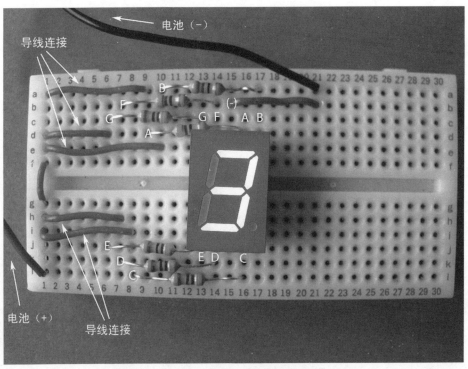

图17-4　采用七段显示屏来生成数字3的试验

一旦已经搭建了生成数字 3 的面包板布局，你就可以进一步做试验，通过增加或者去掉导线连接来点亮各种 LED 组合。采用表 17-1 作为指南在显示屏上生成数字 0 到 9。然后，尝试各种组合，以查看是否能在显示屏上生成其他形状，甚至字母。你可以采用表 17-2 来记录你的一些发现，在表的顶部显示了一个实例。

表17-2 你能生成其他什么形状？

所显示的形状	A	B	C	D	E	F	G
字母 A	开	开	开	关	开	开	开

有趣的事实

采用七段显示屏，可以产生一共 128 种不同的显示组合。这是因为，每个段都具有两个状态之一，它或者点亮或者关闭。所能显示的全部组合数可以通过 2 的 7 次方来计算：$2 \times 2 \times 2 \times 2 \times 2 \times 2 \times 2 = 128$。看看你是否能将它们都产生出来！

搭建随机数字发生器

既然你已经采用七段显示屏进行了试验，并且理解了它是如何工作的，那么，你就能够搭建随机数字发生器电路。

电路图

如果你已经从头开始阅读了这本书，并且已经做了每个试验，你就应该熟悉电路图。随机数字发生器试验的电路图如图 17-5 所示。

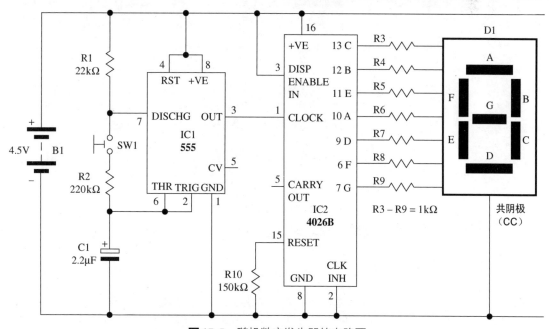

图17-5 随机数字发生器的电路图

你还记得这个电路的零部件吗？它看起来很复杂，但是，如果你将它细分为单个搭建模块，就会更容易理解。

电路是如何工作的

随机数字发生器是由四个搭建模块组成的：电源、输入、控制电路以及输出。这一电路是由三节 1.5V 的 5 号电池来供电的，这三节电池由导线串联在一起构成 4.5V 电源。常开开关（SW1）构成了这一电路的输入。控制电路有以下两个主要部分。

- 555 定时器（IC1），它以非稳态模式连接，构成电路的时钟部分。
- 4026B 七段计数器芯片（IC2），对于你来讲，它是新器件。它对来自于 555 定时器的时钟信号进行计数，并且将它们转化为代码，能够驱动七段显示屏。

七段 LED 显示屏（D1）及其串联电阻（R3-R9）构成了这一电路的输出部分。

假设目前按钮开关 SW1 被按下以关闭电路。当电池连接到电路时，以非稳态电路模式连接的 555 定时器集成电路（IC1）在其输出管脚 3 处开始产生一串脉冲。非稳态电路的定时速度是由电阻 R1 与 R2 以及电容器 C1 来决定的。555 定时器的输出管脚连接到 IC2 的"时钟"管脚上，IC2 是一个七段计数器集成电路。每当"时钟"被送到 IC2，它就会在其管脚 6、7、9、11、12 与 13 处产生编码输出，当连接到显示屏中正确的 LED 段时，这一编码输出将会产生数字 0 到 9。这些编码输出与表 17-1 所示的代码相似。如果你将手指从开关（SW1）上移开，这就将电阻 R2 从电路中去掉，并阻止 555 定时器在管脚 3 处产生脉冲。你很快将会看到这是如何工作的。

你所需要的东西

下表中列出了在这个试验中你所需要的器件与设备。 在启动此试验之前， 找出并准备好这些器件与设备。

代　码	数　量	描　述	附录代码
IC1	1	555 定时器集成电路（IC）	18
IC2	1	4026B 七段计数器	19
R1	1	22 kΩ 0.5W ±5% 容限的碳膜电阻	–
R2	1	220 kΩ 0.5W ±5% 容限的碳膜电阻	–
R3-R9	7	1 kΩ 0.5W ±5% 容限的碳膜电阻	–
R10	1	150 kΩ 0.5W ±5% 容限的碳膜电阻	–
C1	1	2.2 μF 电解电容与 10 nF 陶瓷圆片电容（最小标称电压为10V）	–
D1	1	七段共阴极显示屏（红色）	8
SW1	1	常开开关	24
B1	1	4.5V 电池盒	15
B1	3	1.5V 的 5 号电池	–
B1	1	PP3 电池夹	17
–	1	面包板	2
–	–	导线连接	

注意

本表中的附录代码列指的是在本试验中我所使用的特定零部件。有关这些零部件的信息列在附录中。

面包板布局

注意

参见第 3 章中有关搭建面包板布局与故障查找指南的相关信息。

本试验的面包板布局如图 17-6 所示。按照这一布局来搭建你的面包板（慢慢干，因为需要进行许多连接）。当你第一次搭建面包板布局时，确认你采用 2.2 μF 的电解电容作为 C1，确认电容器的正极引线连接到 555 定时器的管脚 2。

为了帮助你更好地查看电路，在图 17-7 中详细给出了显示屏的连接，其中的七段显示屏被去掉。

图 17-8 显示了由另一个角度所看到的布局，以便帮助你识别 555 定时器与开关 SW1 周围的连接。

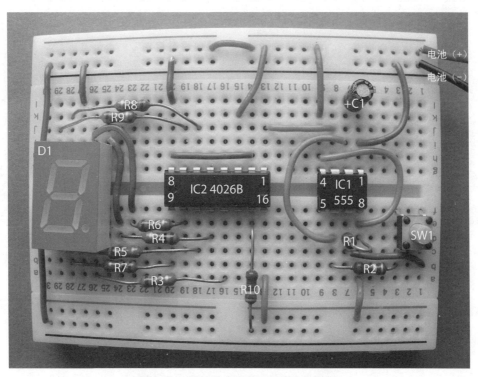

图 17-6 随机数字发生器的面包板布局

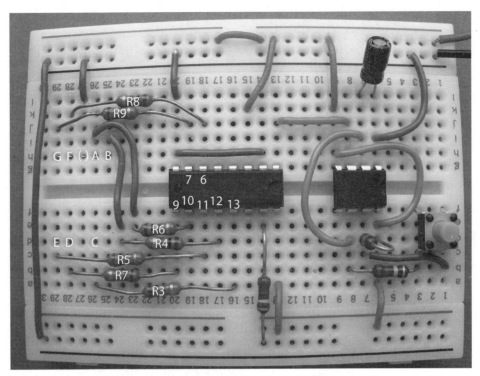

图17-7　将七段显示屏去掉之后的面包板布局

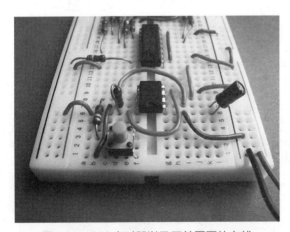

图17-8　555定时器以及开关周围的布线

开始做试验了！

一旦你已经搭建好了面包板布局，那么，将4.5V电池连接到电路中。显示屏将显示一个数字（0或者1）。现在，按下开关并将你的手指一直按在上面，显示屏将开始以不停止的循环方式慢慢由0到9进行计数。如果你将手指从开关上移开，计数将会停止，并保持在一个数字上，直到你再次按下按钮。给你的印象很深刻，是不是！

此时，你可能在考虑，此电路并不真正适合产生一个随机数字（如同你掷一个骰子时，骰子所能做的那样），你是对的，你需要做一些调整使它能够完成这个功能。

首先，将555定时器的速度提高，以便使计数器工作得更快。你知道如何这样做吗？如果你已经阅读了第5章，你就会记得你可以通过改变555定时器的定时电阻器与电容器的数值，就能够改变555定时器的速度。在这个试验中，你将会改变电容器C1的电容值来完成这一功能。

将电池从电路中去掉，并去掉2.2μF的

电容器（C1）。将它用一个 10 nF 的陶瓷圆片电容器来代替，如图 17-9 所示。

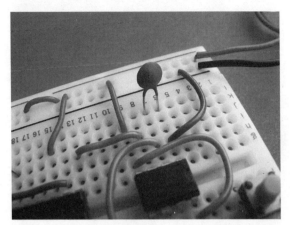

图 17-9　将电容器改变为一个 10 nF 的陶瓷圆片电容器

下面，将电池再次连接到电路中，以查看显示屏上的数字。然后，按下开关几秒钟，你会看到在显示屏上显示一个闪烁的数字 8。这个现象的发生是由于电容器数值的变化引起的，555 定时器正在以一个更快的速度来产生时钟脉冲，显示屏由 0 到 9 变化得非常快，这使你很难看到正在显示哪个数字。

将手指从按钮上拿开，你会看到显示屏上的数字。当你将手指拿开时，由于你不能看到哪个数字将会出现（因为显示屏变化得太快），所出现的数字就等同于一个随机数。现在，按下并释放按钮几次，你会看到很难预测你最后将会得到哪个数字。

祝贺你！你已经搭建了一个电子随机数字发生器！

总结

在本章中，你学习了有关七段显示屏的知识以及如何使用它们来生成数字 0 到 9 以及各种字母与形状。你还学习了如何能够将两个不同的电子电路组合在一起以生成有趣的效应。

如果你处于一种数学的状态下，通过采用第 5 章中的非稳态公式，就能够计算出 555 定时器的频率，以便查看当你在试验中改变 C1 的数值时，非稳态速度是如何改变的。

保留这一试验的面包板布局，因为你将会在第 18 章的试验 15 中对它进行一些调整。

第 18 章

正面还是反面？
掷电子硬币

在一些游戏中，你会掷硬币来看哪个玩家先开始。每个玩家都会在掷硬币之前喊出"正面！"或者"反面！"来预测硬币的哪一面将会朝上（每个玩家都具有 50% 的机会来赢得这一次的掷硬币）。但是，硬币里面没有电子电路！作为一个发明家，你需要找到一种方法来搭建一个电子电路，此电路能够完成同样的功能。这一试验将为你显示如何搭建这样的电路。

如果还没有搭建第 17 章中的随机数字发生器试验，你应该在开始本试验之前搭建那个试验。电子硬币采用随机数字发生器中的许多核心的电子电路，并且为你显示出，如果你具有一些创造性思维，你如何能够对此电路进行调整以便生成稍微不同的最终结果。

 ### 试验 15：
掷电子硬币

在本试验中，你将会使用一个七段显示屏来构成一个电路，它能够模拟掷硬币以显示正面与反面。但是，在进一步阅读之前，思考一下你如何采用在本书中所学到的一些电路模块来搭建这样的一个电路。关于如何搭建这个电路，你可能已经具有一些特定的构思，如果是这种情况，那就太好了，因为你已经开始像发明家一样进行思考了。

你可以用各种不同的方式来搭建一个电子电路。在这个试验中，你会看到我所搭建的电路。我将解释在此电路试验中，我在电路设计后面的思考过程。

 小心！

本试验将 LED 点亮与关闭。如果你患有癫痫症或者对手电光敏感，那么，这个试验不适合你。

使显示屏显示正面或者反面

如果已经搭建了随机数字发生器，那么，你就已经采用七段显示屏进行了试验，你会发现你能够在显示屏上生成许多不同的数字、字母与形状，这取决于你如何点亮各个 LED 段。

图 18-1 为你显示了在本试验中我是如何想象一个七段显示屏看起来会是什么样子的。

当然，单个的七段显示屏不能够显示"正面（heads）"与"反面（tails）"这样的字，因此，我将这些字缩写为一个字母与 h 与一个字母 t 以显示掷硬币的结果。如果你一直点亮显示屏的 E、F 与 G 段，那么，它提供了一个好的模板，依赖这一模板可以生成这两个字母。然后，采用这个模板，你可以点亮显示屏的 C 段来产生字母 h，或者可以点亮显示屏的 D 段来产生字母 t。

既然显示屏已经处理好了，你需要一个电路，这样显示屏的 C 段与 D 段可以交替点亮以产生这两个字母。

十进制计数器

对于随机数字发生器试验，你采用了一个 4026B 集成电路（IC）来生成输出代码，以便在显示屏上显示数字 0 到 9。对于本电路，你将会采用一个不同的称为 74HC4017 十进制计数器的集成电路，它具有 10 个输出管脚（Q0 到 Q10）。

它称为十进制计数器是因为它能够计数到 10。每当这一集成电路接收到一个时钟信号（例如，来自于 555 非稳态定时器集成电路的信号）时，每个输出管脚都会依次被激活，如表 18-1 所示。

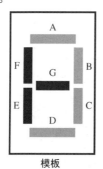 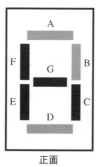 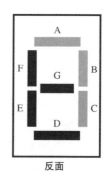

模板   正面   反面

图 18-1   七段显示屏的三种类型

表 18-1   74HC4017 的输出是如何工作的

时钟脉冲	Q0	Q1	Q2	Q3	Q4	Q5	Q6	Q7	Q8	Q9
1	开	关	关	关	关	关	关	关	关	关
2	关	开	关	关	关	关	关	关	关	关
3	关	关	开	关	关	关	关	关	关	关
4	关	关	关	开	关	关	关	关	关	关
5	关	关	关	关	开	关	关	关	关	关
6	关	关	关	关	关	开	关	关	关	关
7	关	关	关	关	关	关	开	关	关	关
8	关	关	关	关	关	关	关	开	关	关
9	关	关	关	关	关	关	关	关	开	关
10	关	关	关	关	关	关	关	关	关	开
11	开	关	关	关	关	关	关	关	关	关
12	关	开	关	关	关	关	关	关	关	关

你将很快看到你如何仅采用三个输出管脚来生成你的电子硬币

电路图

完整的电路图如图 18-2 所示。

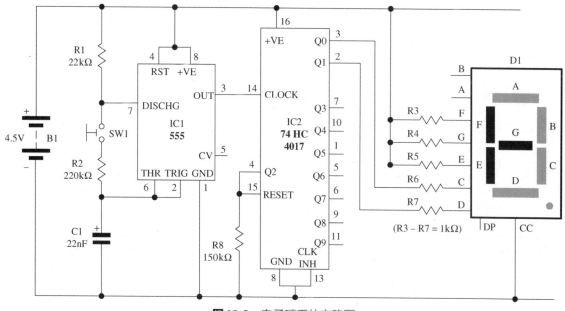

图 18-2 电子硬币的电路图

如果你将此电路图与随机数字发生器的电路图进行比较，你会发现它们具有很多相似性。

电路是如何工作的

电子硬币电路是由四个搭建模块组成的：电源、输入、控制电路以及输出。这一电路是由三节 1.5V 的 5 号电池来供电的，这三节电池由导线串联在一起构成 4.5V 电源。常开开关（SW1）构成了这一电路的输入。控制电路有以下两个主要部分。

- 555 定时器（IC1），它以非稳态模式连接，构成电路的时钟部分。
- 74HC4017 十进制计数器芯片（IC2），它对来自于 555 定时器的时钟信号进行计数，并且将它们转化为代码，如表 18-1 所示。

七段 LED 显示屏（D1）及其串联电阻（R3-R7）构成了这一电路的输出部分。

请注意这一七段显示屏（D1）有三个

LED 段永久点亮以产生如图 18-1 所示的模板。这些段是 E、F 和 G，它们通过三个电阻（R3、R4 与 R5）连接到电源正极，这样，它们就永久点亮。

假设目前按钮开关 SW1 被按下以关闭电路。当电池连接到电路中时，以非稳态电路模式连接的 555 定时器集成电路（IC1）在其输出管脚 3 处开始产生一串快速脉冲串。非稳态电路的定时速度是由电阻 R1 与 R2 以及电容器 C1 来决定的。555 定时器的输出管脚连接到 IC2 的"时钟"管脚上，IC2 是 74HC4017 十进制计数器集成电路。IC2 只有三个输出管脚被使用：管脚 2 用于激活七段显示屏的 D 段，管脚 3 用于激活七段显示屏的 C 段，管脚 4 连接到 IC2 的复位管脚 15，以便当此管脚被激活时，将计数器复位。这意味着，每当 IC2 接收到一个时钟脉冲，它将会按照表 18-2 中所示的那样来工作，并且持续为一个永不停止的循环。

如果你将手指从开关（SW1）上移开，这

就将电阻 R2 从电路中去掉，并阻止 555 定时器在管脚 3 处产生脉冲。这将会在显示屏上显示掷硬币的结果。

表18-2　IC2如何驱动显示屏

时 钟 脉 冲	Q0（管脚3）	Q1（管脚2）	Q2（管脚4）	显示屏显示
1	开	关	关	h（heads 正面）
2	关	开	关	t（tails 反面）
3	关	关	开	将计数器复位
4	开	关	关	h（heads 正面）
5	关	开	关	t（tails 反面）
6	关	关	开	将计数器复位

你所需要的东西

下表中列出了在这个试验中你所需要的器件与设备。在启动此试验之前，找出并准备好这些器件与设备。

代　码	数　量	描　　　述	附录代码
IC1	1	555 定时器集成电路（IC）	18
IC2	1	74HC4017 十进制计数器集成电路（IC）	20
R1	1	22 kΩ 0.5W ±5% 容限的碳膜电阻	–
R2	1	220 kΩ 0.5W ±5% 容限的碳膜电阻	–
R3-R7	5	1 kΩ 0.5W ±5% 容限的碳膜电阻	–
R8	1	150 kΩ 0.5W ±5% 容限的碳膜电阻	–
C1	1	2.2 µF电解电容与10 nF陶瓷圆片电容（最小标称电压为10V）	–
D1	1	七段共阴极显示屏（红色）	8
SW1	1	常开开关	24
B1	1	4.5V电池盒	15
B1	3	1.5V的5号电池	–
B1	1	PP3电池夹	17
–	1	面包板	2
–	–	导线连接	–

注意

本表中的附录代码列指的是在本试验中我所使用的特定零部件。有关这些零部件的信息列在附录中。

面包板布局

注意

参见第 3 章中有关搭建面包板布局与故障查找指南的相关信息。

本试验的面包板布局如图 18-3 所示。

如果你已经搭建过随机数字发生器电路，那么，你就会发现很容易将那个电路的面包板布局进行调整来生成这一电路的面包板布局。主要需要替换 IC2 并更换显示屏周围的一些连接。请注意。本试验中 IC2 的方向：它与上一个试验中的 IC2 的方向不同。

图 18-4 所示为将显示屏去掉之后，显示屏连接的近景图。图 18-5 给出了 IC1 与 SW1 周围布线的近景图。

开始做试验了！

既然你已经搭建好了面包板布局，那么就可以开始做试验了。将电池连接到电路中，则显示屏将会显示字母 h（heads，正面）或者字母 t（tails，反面），如图 18-6 所示。

将按钮开关（SW1）按下几秒钟，相当于在掷电子硬币呢！显示屏将会显示字母 b，因为 C 段与 D 段非常快地在开启与关闭，因此，看起来好像这两个 LED 段同时点亮。现在，将你的手指从按钮上移开，你应该在显示屏上看到字母 h 或者字母 t。试着将硬币多掷几次，看一下你是否能预测出硬币将会落在正面或者反面上。

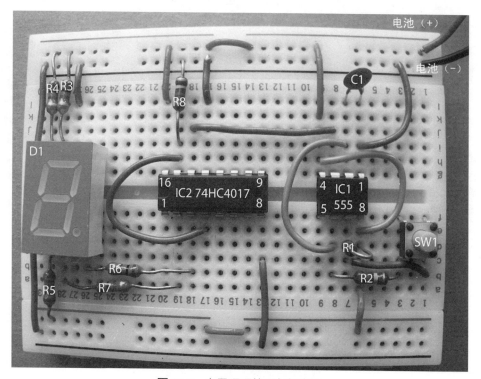

图 18-3 电子硬币的面包板布局

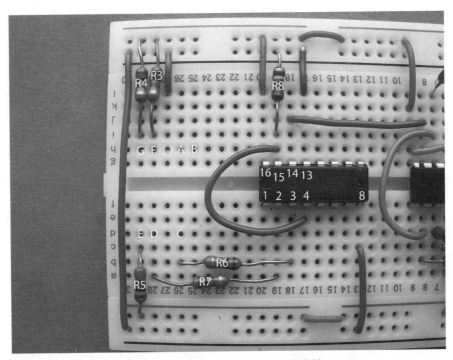

图18-4 显示屏去掉后的显示屏连接

图18-5 555定时器集成电路周围布线的近景图

试着改变 C1 的值来看一下将 555 定时器的速度加快或者减慢对于显示屏将会产生什么影响。如果你决定采用电解电容器进行试验，确认其负极引线连接到 555 定时器的管脚 1 上。

图18-6 显示屏显示"heads（正面）"与"tails（反面）"

总结

本试验给出我是如何设计这一电子硬币的。它说明了将各种电子电路连接在一起来产生一个相对复杂的电路是很容易的。当你完成本试验时，保留这一电路的面包板布局，因为在第 20 章的最后一个试验中，你将会再次采用这一电路。

第 19 章

各就各位，瞄准，开火！准备开始红外射击靶练习

当我还是一个孩子时，我总是梦想着拥有一把激光枪——就是在科幻电影中所使用的、射杀那些来自遥远星球的令人讨厌的外星人的那种枪。这个试验不会为你显示如何制作一个激光枪，但是，它能为你展示如何采用一个不可见的红外光光束来射击一个电子靶。这个试验，如图19-1所示，为你显示如何制作一个红外靶子，当它被一个红外光束击中时，它的LED会闪烁。

试验16：准备开始红外射击靶练习

开始红外射击靶练习之前，你需要搭建一把红外枪。在这个试验中，你将会采用常见的家用红外遥控器作为你的"激光枪"。你可能有一些你在家里永远都不会再使用的旧的、废弃的遥控器。问一下你的父母，他们是否仍然保存有不再使用、或者不能工作的旧的电视或者录像机的遥控器。

小心！

此试验将LED开启或者关闭。如果你患有癫痫症或者对手电光敏感，那么，这个试验不适合你！

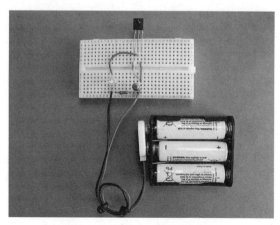

图19-1 红外射击靶接收电路

每一个红外遥控器都包含一个红外LED，

它会发出一个不可见光束。例如，无论何时当你按下电视遥控器上的音量按钮时，遥控器内部的电路都会发出专门的编码信号，它以一种特有的方式将红外 LED 开启与关闭。如果你查看一下遥控器的底部（你将遥控器对准电视机开大音量或者更换频道的那一端），你会看到一个 LED，但是，当你按下遥控器上的任意按钮时，你不会看到它点亮。你是可以"看到"这一红外光的，但是，你只能通过数码相机来观测 LED。这是因为，数码相机内的传感器是能够检测到红外光的。可以试一下这个功能，按下遥控器上的音量按钮，并且通过数码相机来观测红外 LED。

图 19-2 所示为我的遥控器上的红外 LED 点亮时的照片。

每一台电视机或者 DVD 播放器都具有内置的专门的红外接收机电路，它接收与解码来自遥控器的红外光信号，例如，提高音量或者更换频道。你可以使用许多电路方法来接收红外光。本试验采用专门的器件，它包含一个红外光电二极管，它能够接收并解码 10 英尺远的红外光信号。

图 19-2 人眼不能看见红外 LED，但是，可以通过数码相机来观看它

有趣的事实

在电视机或者录像机的红外遥控器被发明之前，你不得不站起来，走到你的电视机前来更换频道！一些早期的遥控器采用一根长导线将录像机与遥控器连接在一起，一些电视机遥控器采用声音（通常是一个咔嗒声）来更换频道。

电路图

红外射击靶练习电路接收机的电路图如图 19-3 所示。

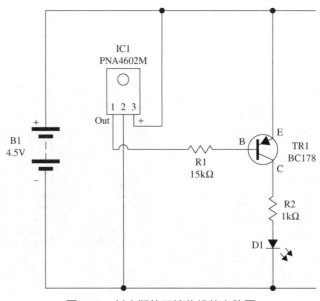

图 19-3 射击靶练习接收机的电路图

你会发现，这个电路非常简单，仅需要五个器件。这是因为，接收并放大红外信号所需要的红外探测器与大部分电路都是由信号探测器件（IC1）来提供的。这一器件仅具有三条引线（有点像晶体管），但是，这个器件的三条引线具有下列功能。

● 管脚 1：输出信号
● 管脚 2：电池负极
● 管脚 3：电池正极

这一器件的操作稍后将会详细描述。

电路是如何工作的

电子靶练习试验是由四个搭建模块组成的：电源、输入、控制电路以及输出。这一电路是由三节 1.5V 的 5 号电池来供电的，这三节电池由导线串联在一起构成 4.5V 电源。红外接收机（IC1）构成此电路的输入部分。PNP 晶体管（TR1）及其基极电阻（R1）构成此电路的控制部分。高亮度的白色 LED（D1）及其串联电阻（R2）构成了此电路的输出部分。

此电路相当直观。当电路连接到电池上时，红外接收机（IC1）的输出管脚 1 是 +4.5V。这一管脚通过一个串联电阻连接到 PNP 晶体管（TR1）的基极，这意味着晶体管被关闭。

注意

PNP 晶体管在其基极上需要一个负的信号以便将它开启，与 NPN 晶体管不同，NPN 晶体管需要一个正电压。你还会注意到 PNP 晶体管的发射极连接到电池的正极，这一点也与 NPN 晶体管不同，NPN 晶体管通常将其发射极连接到电池的负极。

由于晶体管关闭，电流不能流过发射极/集电极结，这意味着 LED（D1）关闭。现在看看更聪明的部分。如果你按下遥控器上的任何按钮，它所发出的红外信号被红外探测器（IC1）所接收，并且所接收到的每个编码脉冲都会在输出管脚 1 处产生负信号。无论何时发生这样的情况，负脉冲都会激活 PNP 晶体管（TR1）的基极，然后，它就很快开启 LED（D1）。这将产生这样的影响：LED（D1）开启与关闭将与由遥控器所发送的编码脉冲同步。当你停止按下遥控器的按钮时，电路就会返回到原来状态，且 LED 再次关闭。

你所需要的东西

下表中列出了在这个试验中你所需要的器件与设备。 在启动此试验之前， 找出并准备好这些器件与设备。

代 码	数 量	描 述	附录代码
IC1	1	红外光电二极管与放大器（PNA4602M）	13
TR1	1	BC178 PNP 晶体管	10
R1	1	15 kΩ 0.5W ±5% 容限的碳膜电阻	–
R2	1	1kΩ 0.5W ±5% 容限的碳膜电阻	–
D1	1	5mm 高亮度白色 LED（6000 mcd）	7
B1	1	4.5V 电池盒	15
B1	3	1.5V 的 5 号电池	–
B1	1	PP3 电池夹	17
–	1	面包板	1
–	–	导线连接	–

注意

本表中的附录代码列指的是在本试验中我所使用的特定零部件。有关这些零部件的信息列在附录中。

面包板布局

注意

参见第3章中有关搭建面包板布局与故障查找指南的相关信息。

红外接收机的面包板布局如图19-4所示。

这将有助于你识别在电路图与零部件清单中所显示的器件代码。

图19-5所示为由另一个角度所看到的面包板布局，这样，你就能更清楚地看到晶体管与LED的管脚连接。

一旦你搭建好了面包板布局，并且仔细进行了检查，那么就开始做试验吧！

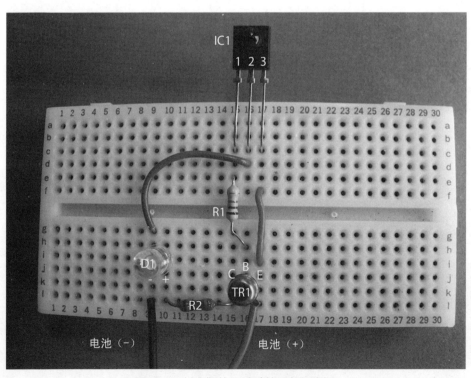

图19-4 射击靶练习试验的面包板布局

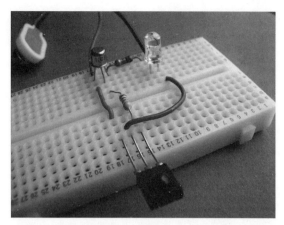

图 19-5 器件布局的一个近景图，请注意晶体管与 LED 的方向。你还可以看到内置到探测器内的红外光电二极管

开始做试验了！

将 4.5V 电池连接到面包板布局上，LED 将很快会点亮，然后又再次关闭，不必担心，因为这是正常的。一旦电路加电，你找出红外遥控器并将它对准探测器（IC1）。然后，按下遥控器上的按钮，LED（D1）将会开启与关闭。如果你的手指一直按住按钮，LED 将继续开启与关闭，如图 19-6 所示。

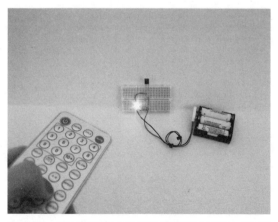

图 19-6 按下遥控器上的任意按钮都会引起LED开启与关闭

试着按下遥控器上不同的按钮，并看一下这对于 LED 闪烁的速度会产生什么影响。你还可以通过试验来看一下你能够由红外射击靶电路移动多远之后还仍然能够点亮 LED。

你会发现，红外探测器器件非常灵敏，即使当你将遥控器没有指向探测器时，仍然可以触发 LED。这是因为，探测器能够检测到由墙壁与家具所反射回来的红外光信号。

显然，你需要稍微调整一下红外射击靶接收机电路，让它稍微不太灵敏，使得它成为一个合适的射击靶。我所使用的方法是找一些黑色的绝缘胶带（就是电工所使用的那种胶带），并且小心地在红外探测器上缠上一小块，如图 19-7 所示。

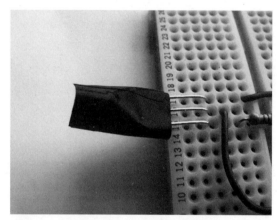

图 19-7 在探测器上缠上一些黑胶带以使它降低灵敏度

你可能需要对胶带的数量以及探测器的方向进行一些试验，你应该最终能够制作出一个红外探测器，它只有在遥控器直接指向它时才激活 LED。此时，你应该知道你已经制作出了相当精确的红外射击靶。你和你的朋友们可以轮流射击这个靶子，谁使 LED 闪烁的次数越多，谁就赢了这个游戏。

总结

在本试验中，你已经发现集成电路并不总是具有 8 管脚或者 16 管脚的配置，它们具有各种形状与尺寸，并且能够完成许多不同的功能。

你可以采用简单的红外光电二极管搭建这一电路中的红外传感部分，但是，你还需要其他的器件来放大信号，这将会使电路变得更大更复杂。采用集成电路就大大简化了这一电路。本试验中，你第一次遇到了 PNP 晶体管，你还学习了 PNP 晶体管的连接与操作与你曾经使用过的 NPN 晶体管的连接与操作稍微有所不同。

第 20 章

让我们制造点噪声吧！搭建音响效果发生器

很遗憾，这是本书的最后一个试验了。但是，不必担心，你可能已经玩过许多电子游戏，它们能够产生声音效果或者音乐以增加气氛。在这最后一个试验中，你将会发现三个不同的电路模块如何连接在一起以生成一种器件，它能产生一些有趣的声音。完整的声音效果发生器如图 20-1 所示。

 ## 试验 17：搭建音响效果发生器

本试验中的电路使你能够尝试采用各种器件来构成四个不同的声音频率，以便生成各种声音效果。每次仅激活一个声音频率。本试验还表明你如何能够很容易地就将各种电子电路连接在一起以生成一个更加复杂的电路。

本试验采用以下三个你曾经都已经试验过的电路。

- 555 非稳态定时器电路（第 5 章）。
- 74HV4017 十进制计数器电路（第 18 章）。

- 555 非稳态声音发生器（第 10 章）。

图 20-1 音响效果发生器

 注意

在开始搭建本试验之前，你需要搭建第 18 章中的电子硬币试验，因为那个电路的操作与这个电路的操作具有一些相关性，而电子硬币试验的面包板布局可以很容易经过修改而生成音响效果发生器的面包板布局。

电路图

本试验的电路图如图 20-2 所示。如果你已经完成了本书中的大部分试验，你应该能够认出所有的器件，甚至可能能够识别电路是如何工作的。

电路是如何工作的

音响效果发生器是由四个搭建模块组成的：电源、输入、控制电路以及输出。这一电路是由三节 1.5V 的 5 号电池来供电的，这三节电池由导线串联在一起构成 4.5V 电源。常开开关（SW1）构成了这一电路的输入。控制电路有以下三个主要部分：

- 555 定时器（IC1），它以非稳态模式连接，构成电路的时钟部分。
- 74HC4017 十进制计数器芯片（IC2），它对来自于 555 定时器的时钟信号进行计数，并且将它们转化为一个四位序列发生器代码。
- 555 定时器（IC3），它以非稳态模式连接到扬声器上以产生声音。

扬声器（LS1）与电容器（C3）构成此电路的输出部分。

假设按下按钮开关（SW1）以关闭电路。当电池连接到电路中时，以非稳态电路模式连接的 555 定时器集成电路（IC1）在其输出管脚 3 处开始产生一串快速脉冲串。非稳态电路的定时速度是由电阻 R1 与 R2 以及电容器 C1 来决定的。555 定时器的输出管脚连接到 IC2 的"时钟"管脚上，IC2 是 74HC4017 十进制计数器集成电路。IC2 的四个输出管脚（管脚 2、3、4 和 7）被使用，这些管脚中的每一个都通过每个二极管（D1 到 D4）连接到串联电阻（R3 到 R6）上。每当接收到时钟脉冲时，每个输出开关就会轮流开启与关闭。一旦管脚 10 被激活，它就通过激活管脚 15 将 IC2 复位，那么，计数就再次开始。这就产生了一个"四个输出循环的计数器的计数"，四个输出会永不停止地循环来工作，如表 20-1 所示。

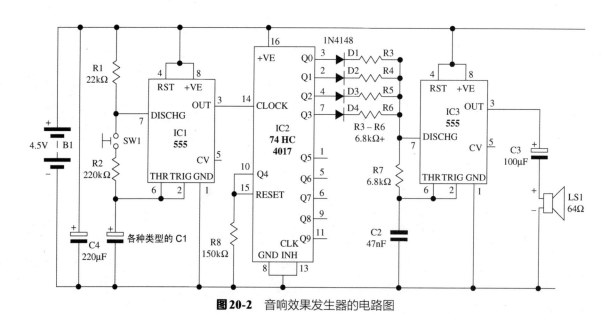

图20-2 音响效果发生器的电路图

表20-1　IC2的输出是如何工作的

时钟脉冲	Q0（管脚3）	Q1（管脚2）	Q2（管脚4）	Q3（管脚7）	Q4（管脚10）
1	开	关	关	关	关
2	关	开	关	关	关
3	关	关	开	关	关
4	关	关	关	开	关
5	关	关	关	关	开
6	开	关	关	关	关
7	关	开	关	关	关

每当管脚 3、2、4 和 7 被激活，这就为电路的第三部分增加了一个电阻，电路的第三部分就是用于生成声音的 555 定时器（IC3）。

555 定时器（IC3）还可以像 IC1 那样配置为非稳态模式，但是，此电路这一部分的输出管脚通过电容器 C3 连接到扬声器上，以生成一个噪声输出。

此处是巧妙的地方：改变电阻值（R3 到 R6）会引起 555 非稳态定时器（IC3）以不同的频率发生振荡，这会产生不同音调的声音。由于这些输出按照顺序每次出现一个，你就可以产生具有四个不同声音电平的序列，以便生成一些有趣的音响效果，你将很快会看到这一现象。

如果你将手指从开关（SW1）上移开，这就将电阻 R2 从电路中去掉，并阻止 555 定时器在管脚 3 处产生脉冲。这将会阻止序列发生器的工作。

请注意，本电路中包含一个额外的电容器 C4，它连接在电池的正极与负极之间。此电容器称为去耦合电容器。此电路产生声音的部分会在电路中生成一些电子噪声，这可能会扰乱 IC1 与 IC2 的工作，这意味着，此电路不能正常工作。C4 的出现有助于从电路中去掉这一电子噪声，并且使得此电路能够更加可靠地工作。

你所需要的东西

下表中列出了在这个试验中你所需要的器件与设备。在启动此试验之前，找出并准备好这些器件与设备。

代 码	数 量	描　　述	附录代码
IC1/IC3	1	555定时器集成电路（IC）	18
IC2	1	74HC4017 十进制计数器集成电路（IC）	20
R1	1	22 kΩ 0.5W ±5% 容限的碳膜电阻	−
R2	1	220 kΩ 0.5W ±5% 容限的碳膜电阻	−
R3-R6	4	各种0.5W ±5% 容限的碳膜电阻，其电阻值大于6.8 kΩ	−
R7	1	6.8 kΩ 0.5W ±5% 容限的碳膜电阻	−
R8	1	150 kΩ 0.5W ±5% 容限的碳膜电阻	−
C1	1	各种电容器，其电容值大于10 nF（最小标称电压为10V）	−
C2	1	47 nF 陶瓷圆片电容器（最小标称电压为10V）	−
C3	1	100 μF 电解电容器（最小标称电压为10V）	−
C4	1	220 μF 陶瓷圆片电容器（最小标称电压为10V）	−
D1-D4	4	1N4148信号二极管	−
LS1	1	小扬声器，直径66 mm（标称值为64Ω，0.3W）	22
SW1	1	常开开关	24
B1	1	4.5V电池盒	15
B1	3	1.5V的5号电池	−
B1	1	PP3电池夹	17
−	1	面包板	2
−	−	导线连接	

注意

本表中的附录代码列指的是在本试验中我所使用的特定零部件。有关这些零部件的信息列在附录中。

面包板布局

注意

参见第3章中有关搭建面包板布局与故障查找指南的相关信息。

本试验的面包板布局如图 20-3 所示。它

包含了器件代码，这将有助于你识别电路图与零部件清单中所使用的器件代码。

图 20-4、图 20-5 与图 20-6 中给出了从其他不同的角度所看到的面包板布局，这将有助于你识别管脚连接。

当你将扬声器连接到面包板上时，采用第 10 章中将扬声器连接到互连导线上时所给出的方法。

图 20-3 音响效果发生器的面包板布局

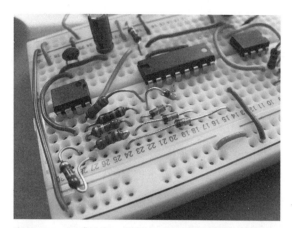

图 20-4 音响效果二极管与电阻网络周围布线的近景图

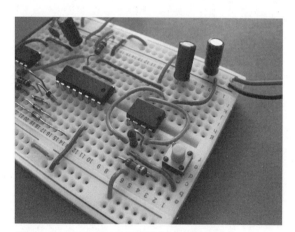

图 20-5 IC1 与 SW1 周围布线的近景图

图 20-6 IC2 与 IC3 周围布线的近景图

搭建此电路时，你应该采用的器件值列在表 20-2 中。

表20-2 R3、R4、R5、R6 与 C1 的初始器件值

代 码	数 量	描 述
R3	1	82 kΩ 0.5W ±5% 容限的碳膜电阻
R4	1	56 kΩ 0.5W ±5% 容限的碳膜电阻
R5	1	150 kΩ 0.5W ±5% 容限的碳膜电阻
R6	1	22 kΩ 0.5W ±5% 容限的碳膜电阻
C1	1	100 μF 电解电容器（最小标称电压为10V）

图 20-7 给出了最终的面包板布局，并且标出了（本章的前面曾经讨论过的）三个单独的电路所在的位置。

图 20-7 三个单独的电路模块的位置

开始做试验了!

一旦已经搭建好了面包板布局,那么,将电池连接到电路中。你将会听到从扬声器中传出一种音调。现在,按下开关(SW1)并保持按住,你应该能够听到从扬声器中传出四种不同的音调,每次一种音调,有一瞬间的间隔。这四种音调的声音以永不停止的循环持续,直到你将手指移开,而声音在某一种音调上停止。

现在,取下电池,并将电容器 C1 的电容值更换为 100 nF 的陶瓷圆片电容。如果你重新将电池连接到电路中,并按下开关,声音序列将会以更快的速率来播放,听起来有点像激光枪开火,或者是红色报警的声音。真酷!

现在,将电阻 R3 从电路中去掉,这样,仅能产生三个音调,每个音调之间有一个小的间隔,然后,按下按钮,看一下这将对声音产生什么影响。如果通过一些早期的电子游戏,例如 Pac-Man(吃豆人)或者 Space Invaders(太空入侵者),你已经熟悉了基本的音响效果,你将能够识别这些音响效果。试着去掉一个或者多个其他电阻,看看这会产生什么影响。

采用 C1 的各种电容值进行试验,看一看这些电容值如何影响所产生的声音。改变电阻 R3 到 R6 的电阻值,看一看你能够产生什么样不同的声音组合。表 20-3 使得你能够记录你为这 5 个器件所采用的各种器件值,这样,你就能够在将来再次采用这些器件值。

表20-3 记录你所产生的不同声音的器件值

1 (R3)	2 (R4)	3 (R5)	4 (R6)	速度 (C1)	所产生的声音
82 kΩ	56 kΩ	150 kΩ	22 kΩ	100 nF	飞船红色报警的声音

你应该发现,电阻值越低,声音的音调越高,电阻值越高,声音的音调越低。

进一步的试验

如果你觉得你很有创造性,那么,你可以采用 IC2 的一些其他输出管脚来生成十输出的序列发生器而不仅仅是四输出的序列发生器。为了这样做,你需要将管脚 10 与管脚 12 从复位管脚 15 上去掉,并且在每个输出馈入到每个声音电阻之前加上 6 个信号二极管。你可以采用这一配置试着产生一段很短的旋律。

总结

在这个最后的试验中,你已经学习了如何将几个不同的电路模块结合在一起来生成有趣的音响效果序列发生器。如果你已经将这本书从头读到尾,你就已经完成了所有的试验,与你开始阅读这本书的时候相比,你现在应该更加熟悉电子器件与电路。希望你很喜欢这些试验,并祝你在电子领域有好运。发明快乐!

附录

电子器件及其供应商

本书中为每个试验所列出的零部件都可以从具有良好声誉的电子器件供应商处购买。你会注意到，在每个试验的"你所需要的东西"列表中的"附录代码"栏，这些代码指的是我在试验中所使用的特定的零部件，这些零部件列在随后的表格中。基本器件，例如各种标称值为 1/2 瓦的碳膜电阻以及电解电容器与非电解电容器都不显示附录代码，因为这些零部件可以从许多不同的电子供应商处购买。应该注意的是，无论何时当我在本书的试验中使用电解电容器时，我采用的都是插件型电容器。插件型电解电容器具有两条引线，由器件的一端伸出来，与轴向电容器不同，轴向电容器在器件的每一端都伸出一条引线。

由于我住在英国，因此，我是从英国的供应商处来购买我的零部件，这些供应商中的一部分列在本节中（还有一个美国的供应商）。为了避免很高的运输成本，你可能想从你本国的供应商处购买零部件。我列出我所使用的这些特定的零部件，仅仅作为参考，以便帮助你识别并获得它们。对于我所列出的每个零部件，你可以在每个供应商网站上通过零部件号进行查找，以获得外观和技术上的详细信息。

面包板

代码	描述以及生产厂商的零部件号	供应商与零部件号
1	面包板（AD-100）	Maplin Electronics AD-100
2	面包板（AD102）	Maplin Electronics AD102 (AG10L)
3	面包板（AD-01）	Maplin Electronics AD-01 (BZ13P)

LED

代码	描述以及生产厂商的零部件号	供应商与零部件号
4	5 mm 红色LED	RS Components 228-5972
5	5 mm 绿色LED	RS Components 228-6004

续表

代码	描述以及生产厂商的零部件号	供应商与零部件号
6	5 mm RGB LED	RS Components 247-1511
7	5 mm 高亮度白色 LED,6000 mcd	RS Components 668-6338
8	七段红色共阴极显示屏（SC05-11EWA）	RS Components 235-8783

晶体管

代码	描述以及生产厂商的零部件号	供应商与零部件号
9	BC108C NPN 晶体管	ESR Electronic Components BC108C
10	BC178 PNP 晶体管	ESR Electronic Components BC178

传感器

代码	描述以及生产厂商的零部件号	供应商与零部件号
11	5 kΩ @25℃ NTC 500 mW 圆片热敏电阻	ESR Electronic Components 928-250 RS Components 706-2787
12	光敏电阻（NORPS-12）	RS Components 651-507
13	红外光电二极管与放大器（PNA4602M）	RS Components 199-630

电池盒

代码	描述以及生产厂商的零部件号	供应商与零部件号
14	五号电池的电池盒（两节五号电池,3V）	RS Components 512-3580
15	五号电池的电池盒（三节五号电池,4.5V）	Maplin Electronics YR61R

续表

代码	描述以及生产厂商的零部件号	供应商与零部件号
16	五号电池的电池盒（四节五号电池,6V）	RS Components 594-432
17	PP3电池夹	RS Components 489-021（一盒5个）

集成电路

代码	描述以及生产厂商的零部件号	供应商与零部件号
18	555 定时器	RS Components 534-3469
19	4026B 十进制计数器,带有七段显示屏输出	ESR Electronic Components 4026B
20	74HC4017 十进制计数器	RS Components 709-3062（一盒10个）

耳机与扬声器

代码	描述以及生产厂商的零部件号	供应商与零部件号
21	3 MΩ 晶体耳机	ESR Electronic Components 203-004 Maplin Electronics LB25
22	小扬声器，直径66 mm（标称值为64Ω,0.3W）	ESR Electronic Components 203-001

开关与继电器

代码	描述以及生产厂商的零部件号	供应商与零部件号
23	6V直流线圈,DPDT 1A 24V直流超小型 DIL 继电器（SRC-S-06VDC）	ESR Electronic Components 242-340

续表

代码	描述以及生产厂商的零部件号	供应商与零部件号
24	6mm×6mm 瞬态按钮，构成常开开关（PCB 安装型）	RS Components 479-1441（一盒20个） ESR Electronic Components 212-050

音响器

代码	描述以及生产厂商的零部件号	供应商与零部件号
25	6V 25mA 75dB 簧片蜂鸣器	ESR Electronic Components 030-012

其他

代码	描述以及生产厂商的零部件号	供应商与零部件号
26	双面胶海绵胶带	RS Components 512-856（一袋25个）

供应商

下面列出我采购零部件的各个供应商的详细联系方式。

RS Components Ltd.

www.rswww.com

Allied Electronics, Inc.

（美国批发商，由拥有 RS Components 的同一集团所拥有）

www.alliedelec.com

（注意：RS Components 的零部件号码可以与 Allied Electronics 的零部件号码不同。）

ESR Electronic Components Ltd.

www.esr.co.uk

Maplin Electronics Ltd.

www.maplin.co.uk

搭建有趣的电子试验与项目

学习电子学知识

与 Thames & Kosmos 合作推出的本书通过有趣的、自己动手制作的试验电路，为你介绍基本电子学概念。对于建立你自己的工作台、安全处理各种材料以及搭建各种娱乐的小器具等方面，本书都会为你提供提示。所有的项目与试验都采用价格便宜的、容易买到的电子器件以及不同类型的面包板，它能够为你在搭建电路时构建出即插即用的试验环境——无需焊接！

在本书中，你将会看到：

- 你所需要的东西——列出每个试验所需的所有电子器件与设备。
- 电路图——显示每个电子器件是如何连接在一起以进行试验的。
- 电路是如何工作的——标出用于构成电路的搭建模块，并且帮助你读懂电路图。
- 面包板布局——近景图，引导你搭建每个电子电路。
- 开始做试验了——解释如何使得你的试验电路工作起来。

阶梯式试验包括：

电话试验

- 使 LED 点亮
- 使 LED 闪烁
- 采用 RGB LED 产生各种颜色
- 搭建能够工作的电话机

仪表盘试验

- 制作指示灯
- 搭建温度传感器
- 制作电子喇叭
- 搭建水传感器

安全试验

- 设计基本报警电路
- 制作压力传感垫
- 搭建触摸激活报警器
- 搭建电子安全键盘
- 制作阅读灯，当天变暗时，它能够开启

电子游戏试验

- 搭建随机数字发生器
- 掷电子骰子
- 准备进行红外射击靶练习
- 搭建音响效果发生器